길 위의 역사, 고개의 문화

옛길박물관
옛길편

초판 1쇄 인쇄 | 2014년 2월 10일
초판 1쇄 발행 | 2014년 3월 1일

기 획 | 안태현(옛길박물관)
사 진 | 서헌강
글 | 옛길박물관(김남석, 김하돈, 박광덕, 박지숙, 안태현)
유물해제 | 신탁근, 양보경, 이완규, 조병로, 안태현

발행처 | ㈜대원사
주 소 | 135-945 서울시 강남구 양재대로 55길 37, 302(일원동, 대도빌딩)
전 화 | (02)757-6711, 6717~9
팩시밀리 | (02)775-8043
등록번호 | 제 3-191호
홈페이지 | http://www.daewonsa.co.kr

ⓒ 옛길박물관, 2014

값 25,000원

Daewonsa Publishing Co., Ltd
Printed in Korea 2014

ISBN | 978-89-369-0828-7

국립중앙도서관 출판시 도서목록은 e-CIP홈페이지(http://www.nl.go.kr/ecip)에서
이용하실 수 있습니다. (CIP제어번호 : 2014003726)

* 잘못 만들어진 책은 바꾸어 드립니다.

길 위의 역사, 고개의 문화

옛길박물관

옛길편

대원사

머리글

문경새재에 자리하고 있는 옛길박물관은 1997년 문경새재박물관으로 개관한 이래, 2009년 리모델링을 거쳐 옛길 전문 박물관으로 거듭난 곳입니다.

우리 문경은 전통시대에 있어서 길과 관련한 문화유산을 가장 많이 보유하고 있는 지역입니다. 우리나라 문화지리의 보고(寶庫)로서 문경새재, 하늘재, 토끼비리, 유곡역 등 옛길의 역사와 문화가 고스란히 남아 있습니다.

문경새재는 조선 팔도 고갯길의 대명사로 불릴 만큼 우리나라의 대표적 고개이고, 하늘재는 『삼국사기』에 등장하는 우리나라 최고(最古)의 고갯길이며, 토끼비리는 옛길의 백미(白眉)로 남아 있는 벼룻길입니다. 또 유곡역은 영남대로의 허브 역할을 하던 찰방역(察訪驛)으로서 관련 고문서가 고스란히 남아 있습니다. 특히 문경새재와 토끼비리, 하늘재는 국가지정문화재 명승으로 지정되어 있습니다.

옛길박물관은 우리 고장의 역사 문화 관련 자료 6000여 점을 보유하고 있습니다. 우리나라 옛길 위에서 펼쳐졌던 문화상이 이 도록(圖錄) 속에서 유물과 이야기를 통해 여러분께 다가갑니다. 이 책이 우리의 문화유산을 아끼고 사랑하는 분들께 작은 도움이 되었으면 합니다.

옛길박물관
Museum of Old Roads

天下之形勢視乎
천하의 형세는 산천에

山主分而眽本同
산은 본디 하나의 뿌리로부터 수없이 갈라져

水主合而源各里
물은 본디 다른 근원으로부터 하나로

- 김정호 『대동여지도』

國土繡像

<일러두기>

* 이 책은 문경시 옛길박물관 '도록'으로 발간, '옛길편'에 이어 '문경편'도 발간할 예정이다.

* 스토리텔링 방법으로 집필하는 과정에서 역사적 사실과 부합하지 않는 내용이 있을 수 있다.

* 책의 편집상 유물에 관한 세부 사항은 '도판 목록'을 참고하기 바란다.

* 별도의 소장처 표시가 없는 유물은 모두 옛길박물관 소장 유물이다.

* 유물 사진을 대여해 준 기관은 국립중앙박물관, 국립민속박물관, 서울대학교 규장각, 문경 경
  주 정씨 문중, 안동 권씨 화천군파 문중 등이다.

차 례

우리나라의 산하(山河) 1

우리나라는 백두산을 뿌리로 하여 전 국토로 산줄기가 나뭇가지처럼 갈라져 뻗어나간다. 따라서 '백두산'이라는 산줄기 나무의 뿌리를 잡고 뽑아들면 한반도의 모든 산들은 단 하나도 빠짐없이 뽑히게 된다.

땅, 산, 물, 그리고 길

땅地

고산자 김정호는 저 찬란한 『동여도(東輿圖)』에 부기(附記)한 문장의 첫마디를 "천하지형세시호산천(天下之形勢視乎山川)"이라는 말로 시작한다. 그대로 풀자면, "천하의 형세는 산천에서 볼 수 있다."는 뜻이다. 이 말이 함축한 의미를 조금 다른 각도에서 살펴보면, 하늘 아래 펼쳐진 땅을 보고 사람들이 '산천'이라 부른다는 사실이다.

예부터 우리 조상들은 땅을 일컫는 말로 '산천(山川)', '산수(山水)', '산하(山河)', '강산(江山)' 등을 사용했다. 이 명칭들의 특징은 모두 땅을 산과 물의 결합체로 규정하고 있다는 점이다. 만약 산과 물 이외에 땅을 구성하고 있는 다른 무언가가 더 있었다면 이렇듯 간단 명료한 한 마디로 땅을 일컫는 일은 거의 불가능했을 것이다.

이를 공식으로 그려 보자면 [땅=산+물]이 된다. 그렇다. 땅은 산과 물의 결합체다. 마치 하루가 밤과 낮으로 이루어지고, 암컷과 수컷이 합쳐져 하나의 생명체를 이루는 일과 같다. 따라서 땅에서 물을 제외한 모든 것이 산

이고, 산을 제외한 모든 것은 물이다. 산과 물은 엄격하게 자신의 영역을 고수하며 그렇게 단 한 치도 서로 섞이지 않는다. 단 한 뼘 어긋남 없이 정확하게 서로의 반대다.

백두산 천지
우리나라 전 국토의 뿌리인 민족의 영산 백두산. 우리나라의 산맥이 이 곳에서 시작된다.

산山

앞서 언급한 고산자의 기록에는 또 다음과 같은 문장이 실려 있다. "산주분이맥본동(山主分而脈本同)", 이를 풀어보면 "산은 본래 하나의 뿌리에서 시작하여 갈라져 나간다."는 말이다. 땅을 구성하는 산의 속성을 규정하는 말로, 마치 한 그루 나무의 뿌리로부터 수없이 갈라져 나가는 나뭇가지를 연상하면 이해하기 쉽다. 우리 국토를 예로 들자면, 백두산을 뿌리로 하여 전 국토로 산줄기가 나뭇가지처럼 갈라져 뻗어나간다. 따라서 '백두산'이라는 산줄기 나무의 뿌리를 잡고 뽑아들면 한반도의 모든 산들은 단 하나도 빠짐없이 뽑히게 된다.

한반도의 산들은 한 그루 나무의 가지들처럼 모두 연결되어 있다. 그렇게 연결되어 있는 산들의 연속선을 우리는 '산줄기'라고 부른다. 나무의 우듬지까지 길게 뻗어나가는 나뭇가지도 있고 더러는 짧게 끝나는 나뭇가지가 있듯, 산도 그와 같이 길고 짧은 수많은 산줄기로 이루어진다.

물水

"수주합이원각이(水主合而源各異)", 이는 "물은 본래 저마다 다른 근원에서 시작하여 서로 합쳐진다."는 뜻이다.

산의 직업이 수없이 나뉘어 갈라지는 것이라면, 물의 직업은 반대로 수없이 많은 각자의 발원지를 출발하여 끝없이 합쳐지는 것이다. 물은 마지막 외줄기 장강이 되어 바다에 들어갈 때까지 다른 물만 만나면 다짜고짜 합치기를 반복한다. 큰 물이 작은 물을 외면하지 않고, 깨끗한 물이 더러운 물을 마다하지 않는다.

이러한 물의 연속선이 물줄기다. 물줄기 역시 거대한 나무 한 그루의 모양과 닮았다. 그러나 산의 속성은 '나눔'이고 물의 속성은 '합침'인 까닭에 물줄기 나무는 산줄기 나무와 그 진행 방향이 정반대다. 산줄기 나무가 하나의 뿌리에서 출발하여 각각 나뭇가지의 맨 끝으로 갈라져 나간다면, 물줄기 나무는 나뭇가지 맨 끝(발원지)에서 각각 출발하여 하나의 뿌리가 될 때까지 끊임없이 합치기를 반복한다.

낙동강의 발원지 초점
초점은 '새재'로 읽어도 무방하다.
문경새재 내에 있다.

天下之形勢視乎山川山川之包絡關乎都邑然不考古今無以見因革之廢不
綜源委無以識形勢之全
正方位辨里道二者方輿之眉目也而或則略之嘗謂言東則東南則東北皆可謂之
東審求之則方同而里道參差里同而山川回互圖繪可憑也而未可憑記載可信也而
未可信惟神明其中者始能通其意耳若幷方隅里道而去之與面墻何異乎
或起或伏有突然獨起者有連接乎百里雖異各爲實一峯也數峯起數峯而
名宏山之大端也其間有特峙者爲馬有幷峙者爲馬　山主分而脈本同其間
經川支流水之大端也其間有滙流者爲馬有分流者爲馬　水主合而源各異其
間或合或離有數流而滙爲川者有數川而散爲數川者有兩川勢敵旣合而並流數里仍分二州者有
水性勁弱不同清濁互異絕流谷出竟不相通者詭異亦不可名狀

땅, 산, 물의 개념이 들어 있다.

땅의 구성 원리

땅은 '나눔'이라는 속성을 지닌 산과 '합침'이라는 속성을 가진 물이 정확히 하나씩 서로 맞물려 이루어진다. 풀어쓰자면, 산줄기는 좌우에 각각 하나씩 두 개의 물줄기를 거느리고, 물줄기 역시 좌우에 각각 하나씩 두 개의 산줄기를 거느린다. 하나의 산줄기가 두 개 이상의 물줄기를 거느릴 수 없으며, 하나의 물줄기가 두 개 이상의 산줄기를 거느릴 수 없다.

산은 양(陽)이고 물은 음(陰)이다. 밤과 낮이나 남자와 여자처럼 땅도 산의 양기와 물의 음기가 합쳐져 하나의 대지를 이룬다. 가령 생명체를 죽음에 이르게 할 때, 산은 양이므로 밖으로 밀어내고 물은 음이므로 안으로 잡아당기는 이치도 그 때문이다.

산은 물을 건너가지 못하고, 물은 산을 넘어가지 못한다. 산줄기가 뻗어나가다가 물을 만나면 그 산줄기는 그 곳에서 이내 산줄기를 마감한다. 반대로 물줄기 역시 결코 산을 넘어갈 수 없으며 산줄기를 피해 오로지 낮은 곳으로만 흐른다. 흔히 산과 물의 관계를 설명하는 용어로 '역상(逆相) 관계' 또는 '네거티브(Negative) 원리'가 이용된다. '역상'이란, 고급 지방산·고급 알코올·탄소수가 많은 탄화수소 등을 분리하는 데 사용하는 화학 용어로, 산과 물은 이처럼 서로 섞이지 않는다는 뜻이다. '네거티브' 역시 원판 필름과 인화된 사진의 관계처럼 산과 물이 정확히 서로 반대라는 뜻으로 설명된다.

물줄기

높은 곳에서 낮은 곳으로 흐르며 끝없이 합쳐지는 물의 속성 때문에 물줄기의 흐름 내지 영역을 가늠하는 일은 그리 어렵지 않다. 따라서 옛날 우리 조상들은 지도를 제작할 때 비교적 그리기가 가능한 물줄기를 먼저 그리고 나머지를 산줄기의 공간으로 채우는 방법을 이용했다. 물줄기 지도라는 원판을 인화하여 반대로 산줄기를 드러내는 네거티브 원리이다.

하나의 하구로 모이는 모든 물줄기가 흘러온 공간을 '유역(流域)'이라 한다. 땅의 구성 원리에 입각하여 유역을 분석하면 매우 많은 다양한 정보를 얻는다. 가령 유역의 맨 가장자리, 즉 수많은 물줄기들을 발원시키는 산줄기는 그 유역 안에서 가장 고도가 높은 곳이라는 점, 사람이 살지 않으며 문명과 도시로부터 가장 멀리 떨어진 곳이라는 점, 자연환경이 잘 보전되고 생태계가 우수한 공간이라는 것을 알 수 있다. 반대로 하구로 내려갈수록 점점 고도가 낮아짐과 동시에 도시가 커지고 문명이 발달한다는 것을 알 수 있다.

산줄기

산자분수령(山自分水嶺)

여러 곳에서 출발하여 하나로 귀결되는 물의 속성과는 반대로 하나에서 출발하여 수없이 많은 갈래로 뻗어나가는 산줄기는 좀체 그 윤곽을 어림잡기가 쉽지 않다. 또한 물줄기는 흐름을 따라 합쳐지는 모양대로 영역과 구역에 대한 경계가 비교적 선명하지만 산은 어디에서부터 어디까지가 산인가를 구별하는 일이 그리 녹록치 않다.

이때 산의 정체성을 규정하는 말이 바로 '산자분수령'이다. 글자 그대로, 산은 그 스스로 물을 나눈다. 바꾸어 말하면 물을 나누는 것은 모두 산이다. 그렇듯 산과 산 아닌 것의 구분은 해발 몇 미터의 고도로 따지는 것이 아니라 물을 나누고 있는가, 아니면 그렇지 않은가로 따진다. 아무리 작은 언덕이라도 물을 나누고 있으면 당연히 산이다. 논둑, 밭둑도 물론 산이다. 비가 올 때 빗물이 흐르는 것은 땅이 평평하지 않기 때문이다. 평평하지 않은 것, 그것이 바로 산이다.

산줄기의 구분

땅에 존재하는 모든 산들은 스스로 물을 나눈다. 여기에서 인문학적으로 산줄기를 구별하는 매우 중요한 잣대 하나가 등장한다. 결론부터 말하자면, 이 땅의 모든 산들은 자신이 나눈 물이 바다에 이르기 전에 다시 만나는 산과 그렇지 않은 산, 두 종류로 크게 나누어진다.

대부분의 산들은 자신이 동서남북으로 나누어 흐르게 한 물이 바다에 이르기 전에 결국 다시 하나로 합치는데, 자신이 나눈 물이 다시 합치는 지점이 바로 그 산줄기가 끝나는 지점이다. 반대로 자신이 나눈 물이 다시 만나지 않고 서로 다른 하구로 바다에 들어가는 산들이 있는데, 이것이 바로 우리나라를 대표하는 15개 산줄기다.

예를 들어, 백두대간의 오대산에서 갈라져 나와 운두령, 태기산, 오음산, 삼마치를 지나고 양덕원의 신당고개를 거쳐 양평 용문산에 이르는 산줄기는 하늘에서 내리는 빗물을 정확히 남한강과 북한강으로 나누어 주는 장쾌한 산줄기다. 그러나 이 산줄기가 나눈 두 물길인 남한강과 북한강은 결국 용문산 아래 양수리에서 하나로 합친다. 그 산줄기가 나눈 물이 다시 만나는 지점은 곧 그 산줄기의 끝이므로 이 장쾌한 산줄기도 양수리에서 결국 끝나고 만다. 만약 용문산이 김포 어디쯤 자리 잡았다면 북한강과 남한강은 별개의 강이 되었을 것이고, 우리나라를 대표하는 산줄기도 16개로 바뀌었을 것이다.

다시 예를 들어, 문경새재에 비가 내리면 그 물은 서로 갈라져 다시는 만나지 않고 서울로 가고 부산으로 간다. 거꾸로 서울이나 부산에서 각각 흘러온 그 빗물을 거슬러 올라간다면 가장 높은 분수령인 문경새재에서 서로 만나게 된다. 이렇듯 자신이 나눈 물이 결코 다시 만나지 않고 다른 하구로 바다에 이르는 까닭에 문경새재는 용문산과 달리 우리나라를 대표하는 15개 산줄기의 하나로 대접을 받는다.

우리나라의 산줄기

우리나라 전통 지리 인식에 기초한 산줄기를 표현하는 말로 흔히 '1대간 1정간 13정맥' 또는 '1대간 2정간 12정맥' 등이 등장한다. '대간', '정간', '정맥' 같은 옛 단어들도 다소 생경하고, 숫자들도 들쭉날쭉하여 여간 헷갈리는 게 아니다.

우선 다른 것은 제쳐놓고 우리나라를 대표하는 산줄기가 모두 15개라는 것만 먼저 기억하기로 하자. 그리고 그 15개 산줄기들은, '그들이 나눈 물줄기가 결코 서로 다시 만나지 않고 저마다 다른 하구를 통해 각각 바다로 들어가는 산줄기' 라는 점을 분명히 인식하자. 유역은 반드시 하나의 하구를 지닌다. 따라서 서로 다른 하구로 물을 갈라 주는 이 15개 산줄기는 기본적으로 우리나라의 유역, 즉 강들의 경계선을 이루는 산줄기임을 알 수 있다.

그 15개 산줄기 가운데 딱히 하나의 산줄기를 '백두대간' 이라 부르는 까닭은 나머지 14개의 산줄기가 강과 강을 나누는 산줄기인 데 비해 동해와 서해, 즉 바다와 바다를 나누는 산줄기이기 때문이다. 백두대간을 가장 쉽게 한마디로 정리하자면, '백두산에서 지리산까지 이어지며 하늘에서 내리는 빗물을 동해와 서해로 갈라 주는 산줄기' 이다.

백두대간을 제외한 나머지 14개 산줄기는 우리나라 10대 강들의 경계선을 이루는 산줄기이다. 다만 계급을 중요시했던 조선 시대 백두대간의 양쪽 끝자락을 보완하는 산줄기라는 개념으로 '장백정간' 또는 '낙남정간' 같은 대간과 정맥의 중간 계급이 생겨났다. 오늘날 특별한 학술적 연구를 목표로 하는 경우가 아니라면, '우리나라를 대표하는 15개 산줄기' 혹은 '1대간 14정맥' 정도의 명칭으로 요약하면 충분하다.

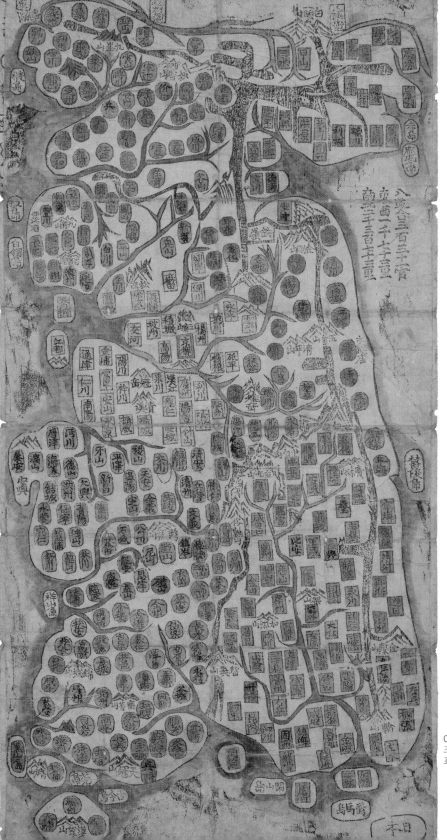

001 동국지도
조선전도로, 동해묘와 서해묘가
표기되어 있다.

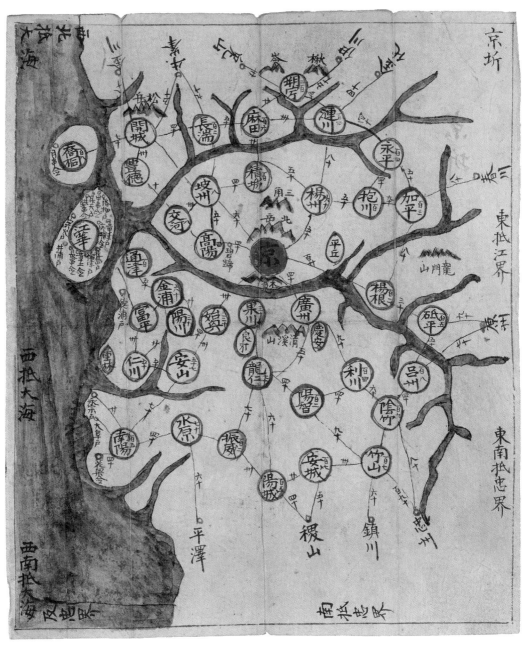

002 경기도 지도
수진본 〈채색팔도지도〉에 들어 있다.

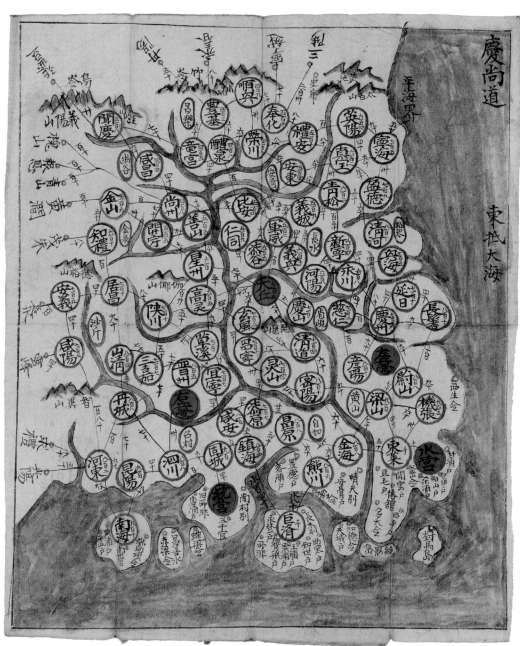

003 경상도 지도

수진본 〈채색팔도지도〉에 들어 있다.

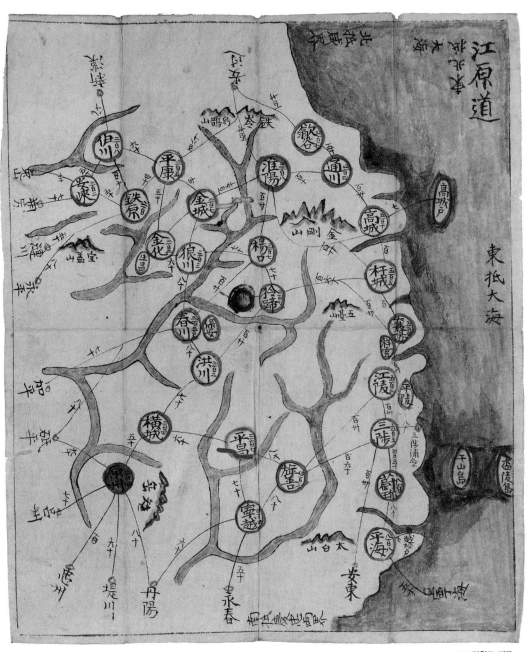

004 강원도 지도
수진본 〈채색팔도지도〉에 들어 있다.

길道

    땅 위의 어떤 한 지점에서 다른 지점까지 이동하는 경로를 우리는 '길'이라 부른다. 땅 위에는 산과 물이 정확히 하나씩 맞물려 존재하기 때문에 길 역시 산 넘고 물 건너는 일을 끝없이 반복할 수밖에 없다. 산을 한 번 넘으면 그 다음에는 반드시 물을 한 번 건너야 하고, 물을 건넌 다음에는 또 반드시 산을 넘어야만 한다. 산을 연거푸 두 번 넘을 수 없으며, 물을 연거푸 두 번 건널 수 없다. 그것이 길이다. 길을 가다 산을 넘어가면 고개가 되고, 물을 건너가면 나루가 된다. 그리하여 이 땅의 모든 길들은 고개 한 번 나루 한 번의 공식을 어김없이 반복하며 존재한다. 이 공식으로부터 자유로운 길은 결코 존재할 수 없다. 공식을 그리자면 [길=고개+나루]다.

    길은 그렇듯 고개(터널)와 나루(다리)의 연속선이다. 다만 이때도 산과 물이 지닌 속성은 그대로 길 위에 투영되어 나타난다. 물의 속성은 양쪽을 합치는 데 있고, 산의 속성은 양쪽을 가르는 데 있다. 같은 길이라도 나루와 고개는 정반대의 속성을 지닌다. 나루의 길은 물의 길이요, 고개의 길은 산의 길인 탓이다. 나루는 양쪽을 서로 연결하면서 끊어진 길이며, 고개는 양쪽을 서로 끊으면서 연결된 길이다. 따라서 우리가 흔히 말하는 강남(江南)과 강북(江北)은 서로 같은 공간이지만, 영남(嶺南)과 영북(嶺北)은 전혀 다른 이질적인 공간을 이루게 되는 것이다.

문경새재 옛길
주흘관에서 본 남쪽(1900년대 초)

나루津

    나루는 길이 물을 건너면서 생기는 존재다. 엄밀하게 정의하자면, '앞서 넘은 고개에서 다음 고개까지'가 하나의 나룻길을 구성하는 기본 단락이다. 반대로 고개의 경우에는, '앞서 건넌 나루에서 다음 나루까지'가 그 고 갯길의 한 단락이다. 위에서 여러 차례 반복하였듯이 쉽게 그 영역을 규정할 수 있는 물길의 특성상 이 땅에 존재하는 나루에 대한 윤곽은 그리 어렵지 않게 파악할 수 있다.

산길과 물길의 속성이 서로 반대이듯 고개와 나루의 크기도 정확히 반비례한다. 고개가 커질수록 나루는 작아지고, 나루가 커질수록 고개는 작아진다. 대부분의 나루는 물길이 제법 커지는 중류 내지는 하류에 발달하며, 이는 도시의 규모도 마찬가지다. 나루는 원칙적으로 유역 안에만 존재할 수 있으므로 당연히 하류에 가장 큰 나루가 걸린다.

고개嶺

고개는 길이 산을 넘으면서 생기는 존재다. 따라서 그 길이 넘는 산이 어떤 위상을 지니는가에 따라 고갯길의 운명이 결정된다. 이 땅의 모든 산들은 그가 나눈 물이 다시 만나지 않고 서로 다른 하구로 바다에 들어가는 산과 그렇지 않은 산, 두 종류로 구분된다.

만약 어떤 길이, '그가 나눈 물이 서로 다른 하구로 바다에 들어가는 산'을 넘어간다면, 그 고갯길은 틀림없이 우리나라를 대표하는 15개 산줄기 가운데 하나를 넘어가는 것이다. 이는 다른 말로 그 고갯길이 동해와 서해, 혹은 우리나라 10대 강 가운데 어떤 두 개의 강을 나누는 분수령을 넘어간다는 뜻이다. 당연히 '그가 나눈 물이 바다에 이르기 전에 서로 다시 만나는 산'을 넘어가는 고개들과는 그 위용과 품격이 다를 수밖에 없다.

그런 까닭에 우리나라를 대표하는 큰 고개들은 모두 백두대간에 걸려 있다. 왜냐하면 백두대간의 위상에 걸맞게 '바다와 바다의 경계를 넘나드는 고개'이기 때문이다. 그 다음으로 나머지 14개 산줄기를 넘어가는 고개들은 '강과 강의 경계를 넘나드는 고개'가 된다.

이렇듯 산줄기와 마찬가지로 우리나라의 고개들은, 15개 산줄기를 넘나드는 고개와 그렇지 않은 고개로 크게 나뉜다. 한 번 더 반복하자면, 전자는 '그가 나눈 물이 서로 다른 하구로 바다에 들어가는 산'을 넘어가는 고개들이고, 후자는 '그가 나눈 물이 바다에 이르기 전에 다시 만나는 산'을 넘어가는 고개들이다.

백두대간의 고개

우리나라 백두대간 고갯길은 그 특성상 크게 네 종류로 나뉜다.

첫 번째로 관서 지방과 관북 지방을 넘나드는 북한 지역의 고개, 두 번째로 영서 지방과 영동 지방을 넘나드는 강원도 지역의 고개, 세 번째로 기호 지방과 영남 지방을 넘나드는 고개, 마지막으로 호남 지방과 영남 지방을 넘나드는 고개다.

관서와 관북의 기준점인 철령 이북에 걸린 북한 지역의 고개들 가운데 압록강 유역과 동해 유역을 넘나드는 고개로는 황초령이나 부전령이 대표적인 고개며, 대동강 유역과 동해 유역을 넘나드는 고개로는 검산령과 거차령이 있다. 그리고 임진강 유역과 동해 유역을 넘나드는 고개로는 마식령과 추가령이 유명하다.

영서 지역과 영동 지역을 넘나드는 강원도 지역 고개들의 중심은 오로지 대관령이다. 대관령을 기준으로 영서와 영동의 경계가 설정됨은 물론, '관동'이라는 명칭도 그로부터 유래되었다. 이 권역의 고개들을 한발 더 세분하자면 북한강 유역과 영동 지역을 넘나드는 고개와 남한강 유역과 영동 지역을 넘나드는 고개로 나눌 수 있다. 오대산을 경계로 한계령·진부령 같은 고개들이 전자에 속하고, 대관령·백복령 같은 고개들이 후자에 속한다.

기호 지방과 영남 지방을 넘나드는 고개들은 강원도 지역과 경북 지역을 넘나드는 고개 내지는 충북 지역과 경북 지역을 넘나드는 고개들이 두루 포함된다. 유역으로 정리하자면 한강 유역과 낙동강 유역을 넘나드는 고개와 금강 유역과 낙동강 유역을 넘나드는 고개로 나뉘는데, 죽령과 새재 같은 고개들이 전자에 속하고, 이화령과 추풍령 같은 고개들이 후자에 속한다.

호남 지방과 영남 지방을 넘나드는 고개는 민주지산의 삼도봉을 기점으로 지리산에 이르는 백두대간에 걸린 고개들을 가리킨다. 이 권역의 고개들은 세분하여 금강 유역과 낙동강 유역을 넘나드는 고개와 섬진강 유역과 낙동강 유역을 넘나드는 고개로 나뉜다. 전자는 육십령이 대표적인 고개이고, 후자는 여원재가 대표적인 고개다.

불교에 '조고각하(照顧脚下)'라는 말이 있다. '네 발밑을 살피라'는 뜻으로, 존재의 실상을 제대로 간파하라는 가르침이다. 무릇 생명체가 발 딛고 살아가는 산하대지를 제대로 이해하지 못한다면 그 위에 존재하는 생명체에 대한 올바른 사유는 불가능하다. 그런 의미에서 앞서 살펴본 우리 조상들의 '지혜로운 땅 읽기'는 변함없이 새삼스럽기만 하다.

첨단 문명에 휩쓸려 어느덧 우리들의 길은 다만 시간과 속도 이상의 아무런 관심 대상이 아닌 존재가 되었다. 하지만 분명 길은 아직도 변함없이 산천 위에 존재하고, 길이 산천 위에 존재하는 한, 길은 나루와 고개의 이중주를 멈추지 않을 것이다.

하늘재 표지석
고대에는 '하늘재', 중세에는 '문경새재', 근현대에는 '이화령'으로 그 역할이 넘어 왔다. ⓒ 권갑하

백두대간에서 바라본 문경새재 조령관

한반도의 상징
'백두대간'

백두대간을 오늘날의 개념으로 말한다면 마천령 · 낭림 · 부전령 · 태백산맥 · 소백산맥을 모두 합친 산맥이 된다. 근대적 산맥명은 일제강점기 때 일본 지질학자 고토(小藤文次郎)가 14개월 동안 한반도를 둘러보고 난 후 'An Orographic Sketch of Korea'란 글에 한반도의 산맥을 발표한 데서 기원한 것이다. 그러나 이것은 인간의 삶과는 무관한 지질학적 관점에서 도출된 산맥이며, 해발고도라든가 교통 · 물자 교류 등 사람의 생활에 영향을 미치는 산줄기의 존재에 대한 관점은 결여되어 있다.

산이 높고 봉우리가 조밀한 줄기가 산맥으로 인정되지 않고 오히려 산맥으로서 잘 드러나지 않는 낮은 구릉이 지질 구조 때문에 산맥으로 인정되는 경우도 있다. 산맥의 연결성을 살피는 데는 전통적 산맥 체계가 더 나은 것이 사실이다. 우리 고유의 산에 대한 관념과 신앙의 중심에 자리하며, 두만강 · 압록강 · 한강 · 낙동강 등을 포함한 한반도의 많은 수계의 발원처가 되기도 한다. 따라서 백두대간은 한반도의 자연적 상징이 되는 동시에 한민족의 인문적 기반이 되는 산줄기이기도 하다.

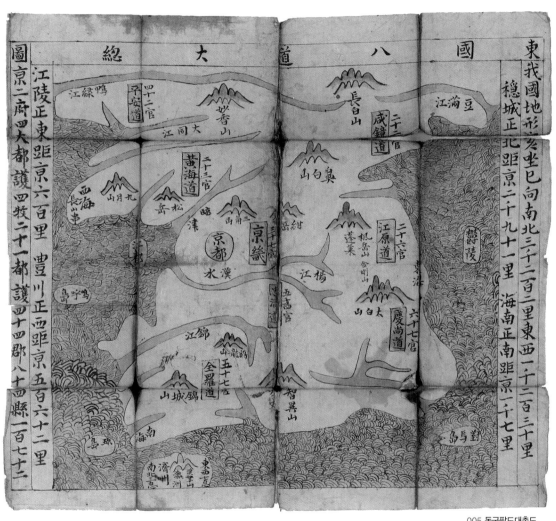

005 동국팔도대총도
『수진본 지도』 속에 포함되어 있다.

문경지우 상봉기
Script about Friends met in Mungyeong

우리나라의 옛지도 2

한국 고지도는 아름답다. 중화를 내세우던 중국인들도 조선 지도
의 훌륭함을 인정할 정도였다. 세월과 전쟁으로 조선 시대 이전
의 지도를 확인할 수는 없지만, 관련 기록과 남아 있는 지도로 그
윤곽은 짚어볼 수 있다.

조선의 백미 〈대동여지도〉

〈대동여지도(大東輿地圖)〉는 우리나라에서 가장 큰 전국 지도이면서도 보기 쉽고 가지고 다니기 쉽게 만든 지도이다. 옛지도 가운데 가장 크고 세밀하게 표현해 낸 〈대동여지도〉 앞에 서서 보면 매우 과학적이고 정밀한 지도임을 알 수가 있다. 은은한 조명을 받으며 걸려 있는 〈대동여지도〉는 왠지 모를 위엄이 느껴지면서 한 폭의 동양화 같은 예술적 아름다움과 기품이 서려 있다. 오늘날 인공위성에서 바라본 우리나라의 모습은 조선 시대의 이 〈대동여지도〉와 똑같다고 하니 놀라울 따름이다.

〈대동여지도〉에서 제일 눈에 띄는 것은 우리 민족의 성산 '백두산 천지'이다. 천지에서 시작된 백두대간은 남으로 맥을 뻗어 낭림산·금강산·설악산·오대산을 거쳐 태백산에 이른 뒤, 다시 남서쪽으로 소백산·월악산·속리산·덕유산을 거쳐 지리산에 이르는 한국산의 큰 줄기를 망라한 산맥을 한눈에 볼 수 있다. 즉 한반도 산계의 중심이며, 국토를 상징하는 산줄기로서 함경도·평안도·강원도·경상도·충청도·전라도에 걸쳐 있다. 〈대동여지도〉에는 국토의 산악 연결망이 상세히 표현되어 있다.

『산경표(山經表)』에 보면 한국의 산줄기는 1개 대간(大幹), 1개 정간(正幹), 13개 정맥(正脈)의 체계로 되어 있다. 산경 개념은 김정호의 〈대동여지도〉에 잘 표현되어 있다. 선의 굵기 차이로 산맥의 규모를 표시했는데 제일 굵은 것은 대간, 두 번째는 정맥, 세 번째는 지맥, 기타 골짜기를 이루는 작은 산줄기 등으로 나타냈다. 정맥과 정간의 차이는 산줄기를 따라 큰 강이 동반되면 정맥, 강이 없으면 정간이 된다. 유일한 정간은 바로 오늘날의 함경산맥에 해당하는 '장백정간(長白正幹)'이다. 산맥을 대간·정간·정맥의 체계로 이해하는 전통적 산맥 분류법은 오늘날의 그것과는 상당한 차이가 있다.

〈대동여지도〉 서쪽에는 바다와 인접한 지역에 리아스식 해안이 잘 발달되어 있고, 서해에는 크고 작은 섬들이 각기 다른 모양으로 사이 좋게 떠 있다. 남쪽으로는 제주도와 우도가 버티고 있으며, 부산 방면에는 대마도가 우리 영토로 표시되어 있다. 그리고 동해에는 울릉도가 그려져 있다.

〈대동여지도〉에는 놀랍게도 산과 산줄기, 하천, 바다, 섬, 마을을 비롯하여 역참, 창고, 관아, 봉수, 목장, 진보(鎭堡), 읍치, 성지(城址), 온천, 도로 등이 고스란히 담겨 있다. 또한 범례에 해당하는 지도표를 만들어 훨씬 쉽게 지도를 볼 수 있게 하였다.

일반 백성을 위한 '살림살이 지도'

〈대동여지도〉는 서구 열강의 위협이 임박한 시점인 철종 때 목판 인쇄로 처음 제작되었다. 그 후, 고종 때 재쇄를 찍어 일반인들에게 보급하였다.

〈대동여지도〉는 목판본 지도, 즉 목판을 만들어 종이에 찍어낸 인쇄본 지도였는데, 이는 개인이나 관에서 사용하는 필사본 지도가 아닌 일반에 널리 보급한 지도다. 필사본은 제작 기간이 오래 걸리고 한정적이라 대부

현대 지도보다 오차 범위가 작은 〈대동여지도〉

〈대동여지도〉는 도면의 첫머리에 표시된 축척 방안을 현대식 축척으로 환산하면 1:162,000이며, 이를 기초로 거리·방위·면적을 측정할 수 있다. 지표의 정보를 통일적인 기호 체계에 따라 표시하여 산악과 산맥은 소박한 회화식 기호를 사용하였으며, 산의 형태·산정의 모양·하천·호수·항만 등을 자세하게 표시하였다. 행정구역의 경계·문화 유적·군사 시설·교통 등은 근대식 방법으로 도식화하였으며, 22개의 첩본으로 이루어져 휴대하기에 편리하다. 동시대에 제작된 프랑스 지도의 표준 오차율 8%에 비해 〈대동여지도〉는 오차율이 5% 이내이다.

분 관청이나 궁중에 소장되었지만 〈대동여지도〉는 목판으로 다량 인쇄하여 일반 백성들이 가지고 다닐 수 있도록 한 진정 '살림살이'를 위한 지도였다. 특히 도로에 10리마다 점을 찍어 지도의 축척은 물론, 거리를 직접 알려 주어 편리하게 이용할 수 있었다. 〈대동여지도〉의 정밀도는 20세기 초 일본 해군이 보유한 근대식 지도보다 더 정밀한 것으로 평가받고 있다.

　〈대동여지도〉에는 현대 지도의 위도와 경도가 표시되어 있지 않다. 일찍이 최한기의 도움으로 〈지구전후도〉를 조각했던 김정호가 위도와 경도를 모를 리 없다. 이는 한국 고지도가 기술의 정확함보다는 그것을 사용하는 사람을 위주로 제작되었다는 것을 입증하는 것이라고 한다. 한마디로 〈대동여지도〉는 백성들이 필요로 하는 '살림살이 지도'라는 사실이다.

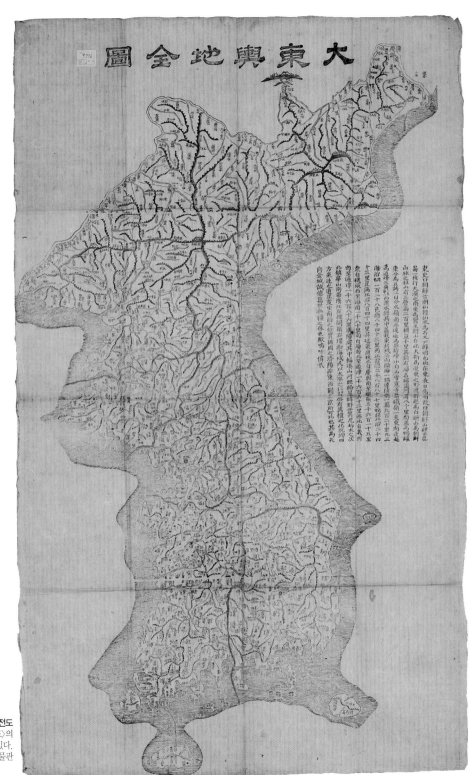

006 대동여지전도
〈대동여지도〉의
축소본이라고 할 수 있다.
ⓒ 국립중앙박물관

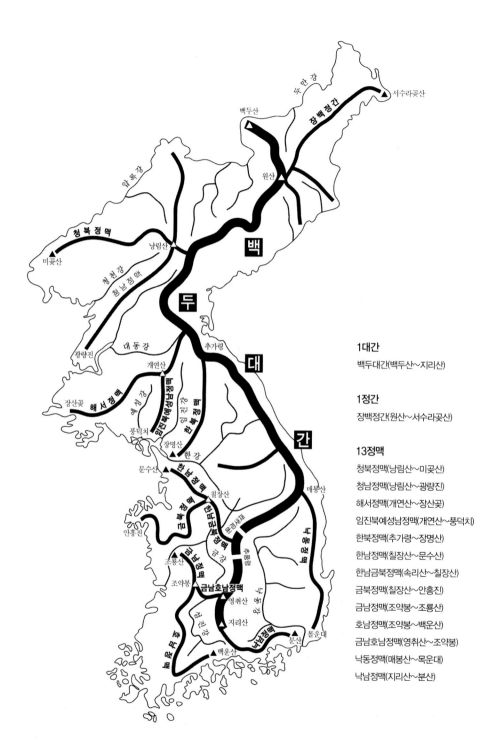

1대간

백두대간(백두산~지리산)

1정간

장백정간(원산~서수라곶산)

13정맥

청북정맥(낭림산~미곶산)

청남정맥(낭림산~광량진)

해서정맥(개연산~장산곶)

임진북예성남정맥(개연산~풍덕치)

한북정맥(추가령~장명산)

한남정맥(칠장산~문수산)

한남금북정맥(속리산~칠장산)

금북정맥(칠장산~안흥진)

금남정맥(조약봉~조룡산)

호남정맥(조약봉~백운산)

금남호남정맥(영취산~조약봉)

낙동정맥(매봉산~목운대)

낙남정맥(지리산~분산)

산경도 산경표를 바탕으로 그린 산경도. 산줄기와 물줄기가 조화를 이루고 있다.

007 산경표
1대간 1정간 13정맥으로 이루어진 산줄기를
족보처럼 표시하였다.
1913년, 조선광문회에서 간행하였다.

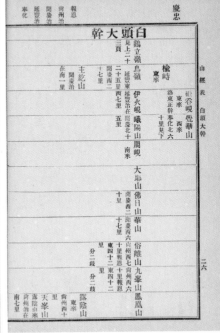

008 대동여지도 목판 ⓒ 국립중앙박물관

조선을 품은 『팔도지리지(八道地理志)』

한국 고지도는 아름답다. 중화를 내세우던 중국인들도 조선 지도의 훌륭함을 인정할 정도였다. 세월과 전쟁으로 조선 시대 이전의 지도를 확인할 수는 없지만, 관련 기록과 남아 있는 지도로 그 윤곽은 짚어볼 수 있다.

조선은 일찍이 1402년(태종 2년)에 아시아·유럽·아프리카를 포함하는 〈혼일강리역대국도지도(混一疆理歷代國都之圖)〉를 그리며 지도의 중요성을 잘 알고 있었다. 1413년 태종은 한반도 행정구역을 강원도, 경기도, 경상도, 전라도, 충청도, 평안도, 함경도, 황해도 등 '팔도(八道)'로 나누었다. 조선은 백성을 효율적으로 다스리기 위해 지도의 필요성을 갖게 되었다. 1402년에 의정부에서 본국 지도를 바쳤다는 기록이 있다. 초기 지도는 왕이 나라를 다스리는 통치에 직접 필요한 실용적 내용들 위주로 편찬(『세종실록지리지』)하다가 역사·문화·예속 등 인문학적인 내용을 추가(『팔도지리지』), 중앙 정부의 통치 기반이 안정되어 인문학적인 관심이 증가한 실용적인 방향으로 편찬되었다.

조선 전기의 지리를 집대성한 『동국여지승람(東國輿地勝覽)』은 나라에서 제작한 대표적인 지리지로, 지방 사회의 모든 면을 다룬 종합적 성격의 백과사전식 서적이다. 『동국여지승람』은 조선 초기의 지리서로, 1432년(세종 14년)에 국가 통치의 기본 정보를 정리하기 위해 편찬되었다. 1481년(성종 12년)에 노사신·양성지 등이 모두 50권으로 편찬해 각 도의 역사·지리·지도·인물·시설 등을 기록했다. 1486년에 개정되었으며, 1499년(연산군 5년)부터 다시 대대적인 개편을 해, 1530년(중종 25년)에 『신증동국여지승람(新增東國輿地勝覽)』이 완성되었다. 지리서는 국가 통치의 기본 자료로 활용되었다.

김정호는 1857년에 제작한 〈동여도(東輿圖)〉를 제작했으며, 이를 토대로 조선 최고의 지도 〈대동여지도〉를 1861년(철종 12년)에 제작하여 목판으로 초간본을 찍어냈다. 그리고 1864년(고종 1년)에 다시 간행하였다.

009 충청도 지도

『팔도지도첩』 중 충청도 부분

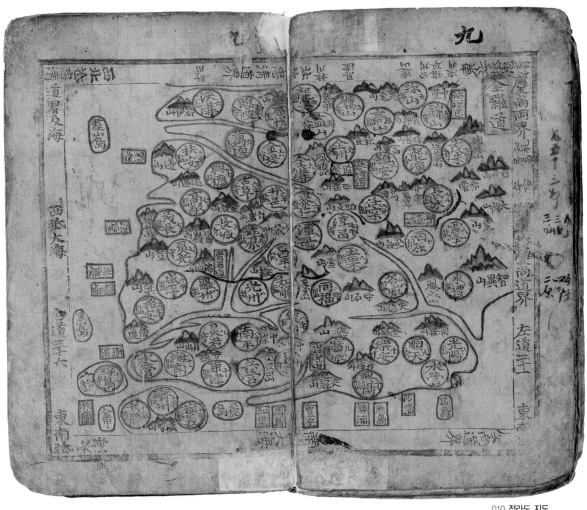

010 **전라도 지도**
『팔도지도첩』 중 전라도 부분

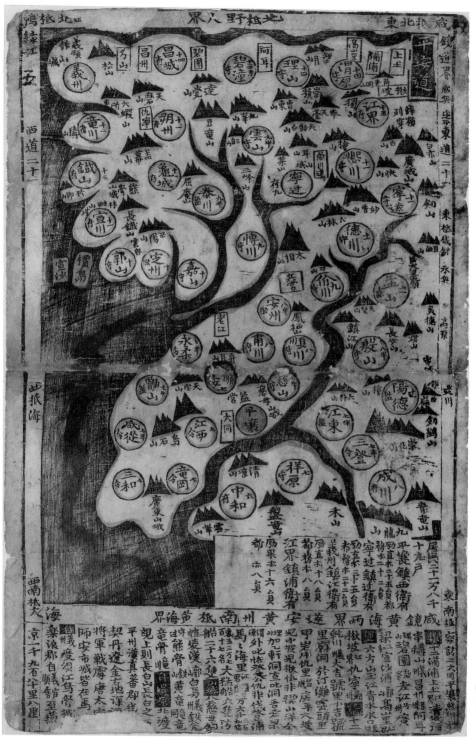

011 평안도 지도

『조선팔도지도첩』중
평안도 부분

012 경기도 지도
『조선팔도지도첩』 중
경기도 부분

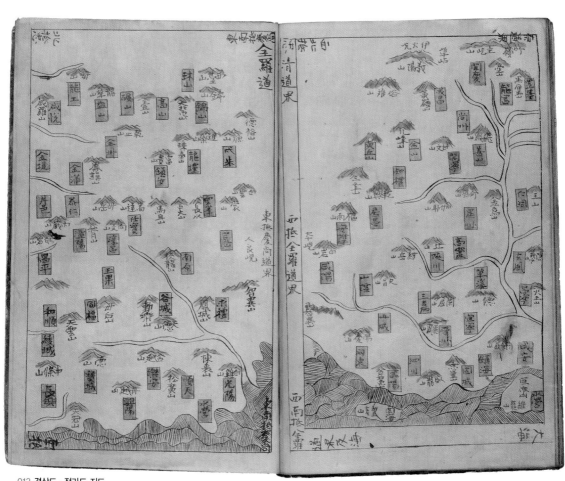

013 경상도 · 전라도 지도
『조선팔도지도』 중 경상도와 전라도 부분

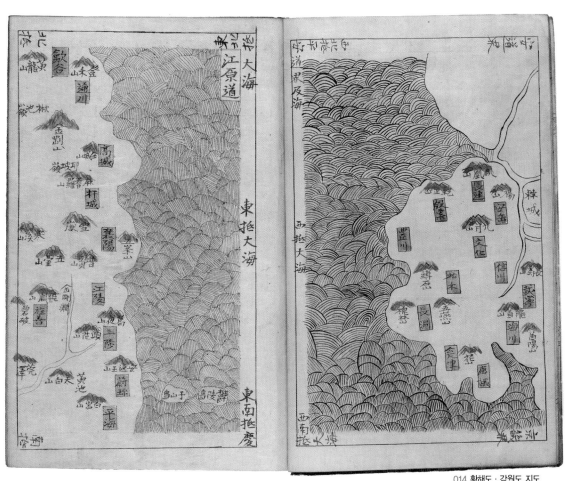

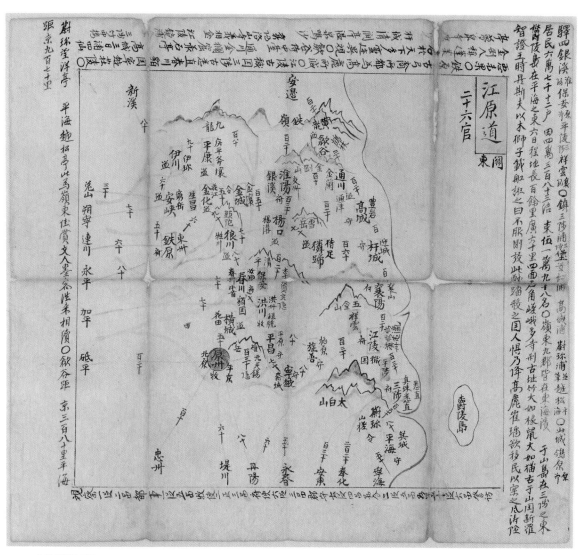

015 강원도 지도

『조선팔도지도』 중 강원도 부분

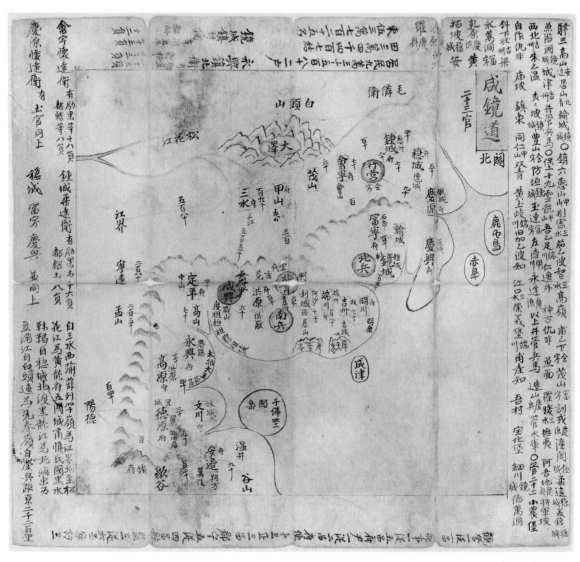

016 함경도 지도

『조선팔도지도』 중 함경도 부분

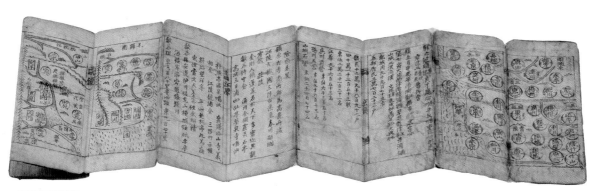

017 팔도채색지도
채색 수진본으로 만들어진 지도

018 동국지도
목판 수진본으로 만들어진 지도

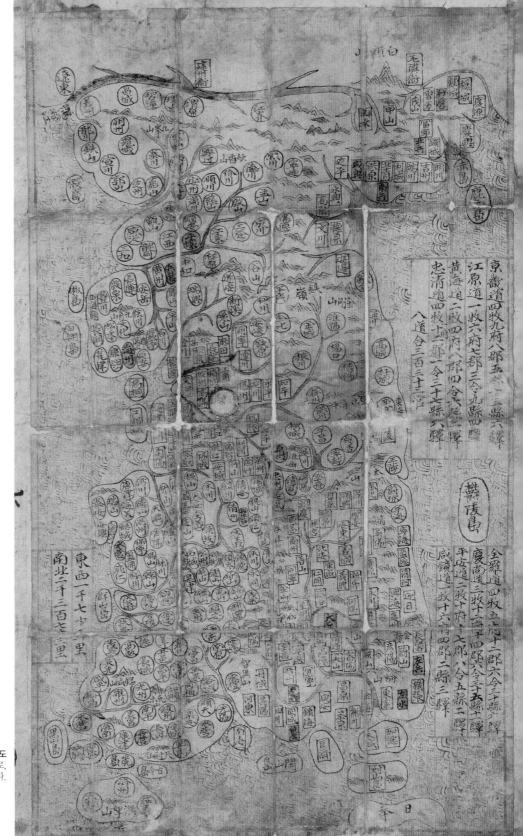

019 조선전도
채색 필사본으로,
접어서 휴대하였다.

독도가 '우산국'으로 표시되어 있는 옛지도

　　오늘날 일본이 자국의 영토라고 주장하는 '독도'에 대해 우리나라의 옛 지도와 기록이 없다면 궁색한 변명을 늘어놓을 수밖에 없을 것이다. 다행히 우리 옛 선조들은 아주 오래 전부터 독도가 우리나라 영토임을 지도에도 나타냈다.

　　『세종실록지리지』(江原道 / 三陟都護府 / 蔚珍縣)에 따르면 "'우산(于山)'과 '무릉(武陵)' 두 섬이 현의 정동(正東) 해중(海中)에 있다(于山, 武陵二島在縣正東海中。). 두 섬이 서로 거리가 멀지 아니하여, 날씨가 맑으면 가히 바라볼 수 있다(二島相去不遠, 風日淸明, 則可望見。……)."라고 기록하고 있다.

　　1674년(현종 14년), 김수홍이 목각본으로 간행한 〈조선팔도고금총람도〉 필사본에는 울릉도 윗부분에 '우산도'라는 지명으로 독도를 기록하고 있다. 또 독도가 그려진 〈대동여지도〉 필사본에도 보면 독도의 옛 이름 '우산'이 선명하게 적혀 있다.

　　〈동국여지지도〉는 화가로 유명한 공재 윤두서(1669~1725년)가 그린 조선 전도이다. 상세하게 그려진 우리나라 전도 중 가장 오래된 지도이다. 우산도와 울릉도가 분명히 나타나 있으며, 조선 중기의 성·섬·만호진·각 고을 등을 총망라하여 그렸다.

18세기로 추정되는 〈해좌전도〉는 독도를 우산으로 표기해 놓았으며, 울릉도에 대해서 "울릉도는 본시 우산국으로 이 시대 이사부가 공격해 항복을 받았다."라고 기록하고 있다.

18세기 초, 민간에서 제작된 〈동국지도〉는 우리나라 전도로서 한글 지명과 함께 독도에 해당하는 '우산도'는 '간산도'라고 표기되어 있다. 이는 이전 시기의 지도로부터 베끼는 과정에서 생긴 오류로 볼 수 있다. 18세기 말에 제작된 〈야국총도(여지도)〉의 전체적인 윤곽은 정상기의 〈동국지도〉를 따르고 있다. 지금의 독도가 울릉도 동쪽 동해에 '우산도'라는 명칭으로 표시되어 있고, 대마도도 그려져 있다. 지도의 여백에는 국토의 좌향, 동서와 남북의 길이, 사방의 끝에서 서울까지의 거리, 그리고 각 도의 군현 수가 기재되어 있다.

18세기에 제작된 〈조선총도〉는 『신증동국여지승람』에 실려 있는 〈팔도총도〉를 필사해서 채색한 지도이다. 팔도의 채색을 다르게 하였고 국토의 동서와 남북의 길이를 새롭게 추가하였다.

19세기 〈해동여지도〉의 강원도 부분에는 우산도가 울릉도 동쪽에 그려져 있으며, 울릉도 북쪽에 '죽도'라는 섬의 표기가 있어 특이하다.

이처럼 육지에서부터 먼 바다에 떠 있는 섬까지 그린 섬세한 옛사람들의 영토 인식이 매우 놀랍다. 이러한 지도는 영토 분쟁이 일어날 경우 매우 귀중한 자료로, 사료적 가치가 크다.

020 조선팔도지도

채색 필사본『조선팔도지도』중 〈팔도총도〉 부분에 우산도가 있다.

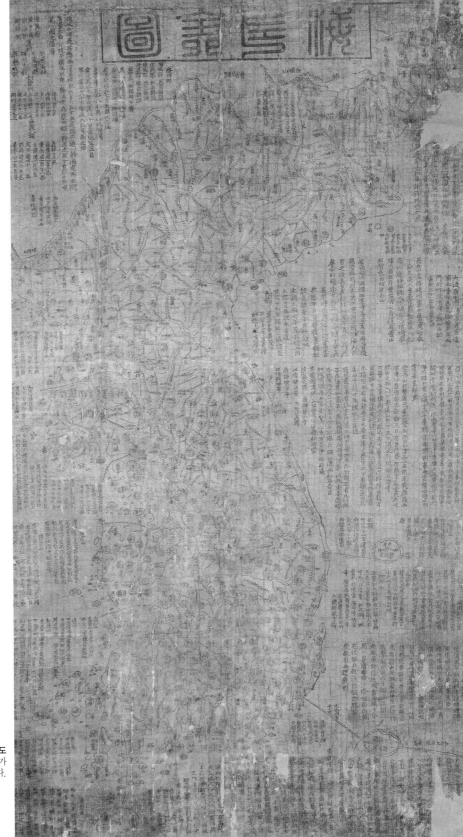

021 해좌전도
우산도와 울릉도가
표시되어 있다.

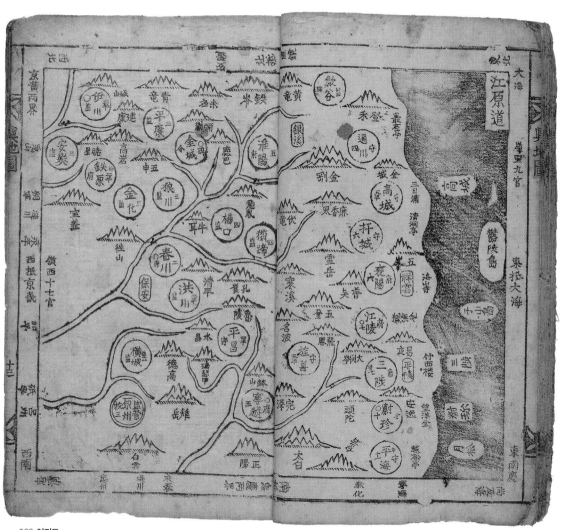

022 여지도

목판본 『여지도』 강원도 부분에 우산도가 보인다.

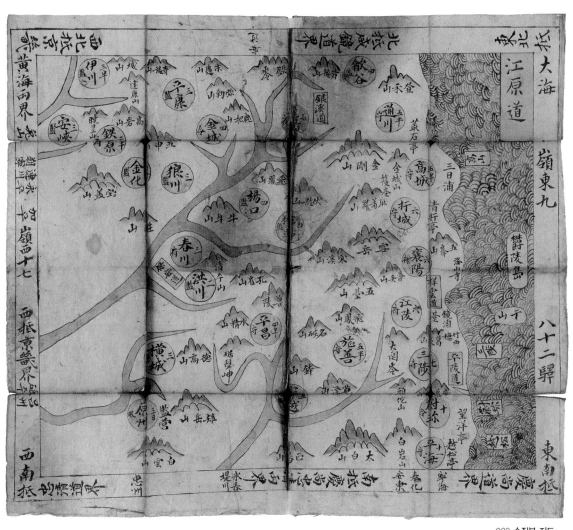

023 수진본 지도
수진본으로 만든 휴대용 지도 중 강원도 부분에 우산이 있다.

024 팔도지도절첩본
〈팔도총도〉에 우산도가 나타나 있다.

우리나라의 옛 세계지도

조선 최초의 세계지도
〈혼일강리역대국도지도〉

조선 초기인 1402년(태종 2년)에 아시아·유럽·아프리카를 포함하는 구대륙 지도 〈혼일강리도(混一疆理圖)〉를 명나라에서 들여왔다. 〈혼일강리도〉는 '역대 나라의 수도를 표기한 지도'라는 뜻이다. 지도에는 중국 역대 왕국의 수도가 표기되어 있다. 명나라 시대의 지명을 반영하고 있으나 기본적인 지리 정보는 원나라 시대에 수집된 것으로 보인다. 그런데 세계지도에 우리나라와 일본이 빠져 있었다. 이에 〈혼일강리도〉를 보고 다시 그리면서 우리나라와 일본을 추가로 그려 넣었다. 그리하여 현재 동양 최고의 세계지도는 '혼일강리역대국도지도(混一疆理歷代國都之圖)'라는 이름으로 재탄생하였다.

〈혼일강리역대국도지도〉에는 중국에 비해 우리나라가 크게 그려져 있고, 상대적으로 일본은 작게 그려져 있다. 따라서 다른 나라의 영토를 정확하게 알지 못했다는 사실을 엿볼 수 있다. 압록강의 상류와 두만강의 물길이 부정확하지만 서해안과 동해안의 해안선이 현재의 지도와 별다른 차이가 없다. 하계망과 산계(山系)가 동북부 지방을 제외하면 매우 정확하다.

중국보다 서쪽 지역인 인도, 중동, 아프리카, 유럽 등은 상대적으로 작고 부정확하다. 이는 당시 이들 지역에 대한 지리 정보가 부족하기 때문인 것으로 보인다. 하지만 아프리카 지역에 빅토리아 호와 킬리만자로 산, 사하라 사막, 나일 강 등 주요 지역이 표시되어 있다.

〈혼일강리역대국도지도〉는 현전하는 동양 최고의 세계지도이며, 당시로서는 동서양을 막론하고 가장 훌륭한 세계지도라고 평가되고 있다.

아쉽게도 원본은 우리나라에 남아 있지 않다. 원본은 임진왜란 중에 가토 기요마사가 일본으로 가져가 자신의 개인 사찰인 혼묘지에 보관하였고, 후일 류코쿠 대학에서 이를 기증받아 보관하여 지금에 이르고 있다. 다른 한 종은 에도 시대 혼코지에서 이를 복사한 것으로, 텐리 대학에 보관 중이다. 일본에서는 '강리도'라고 줄여 부르기도 한다.

조선 초기에 제작한 〈혼일강리역대국도지도〉는 15세기 조선의 지리 인식에 대해 살필 수 있는 매우 귀중한 자료이며, 마테오리치의 〈곤여만국전도〉가 들어오기 전까지 가장 정확한 세계지도로서 그 우수성이 인정되고 있다.

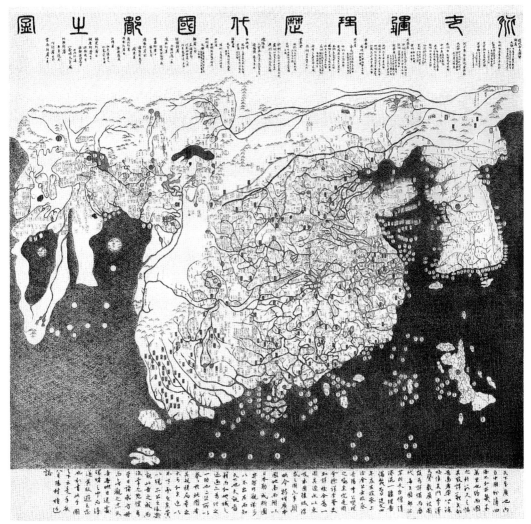

혼일강리역대국도지도

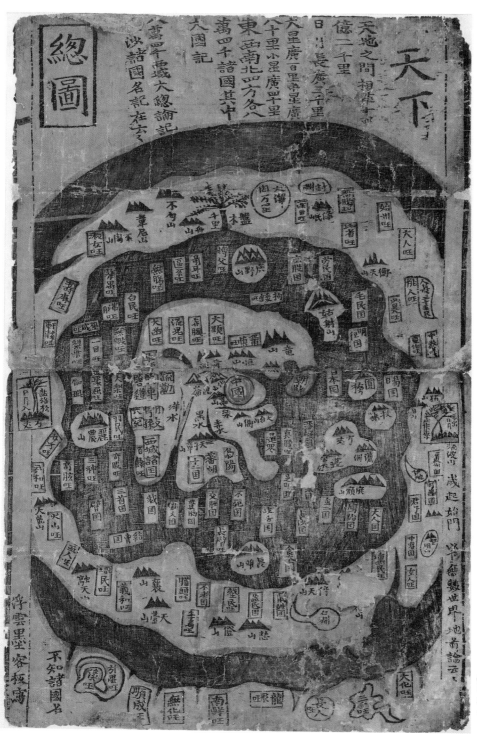

025 천하총도
『조선팔도지도첩』에
세계지도인
〈천하총도〉가 들어 있다.

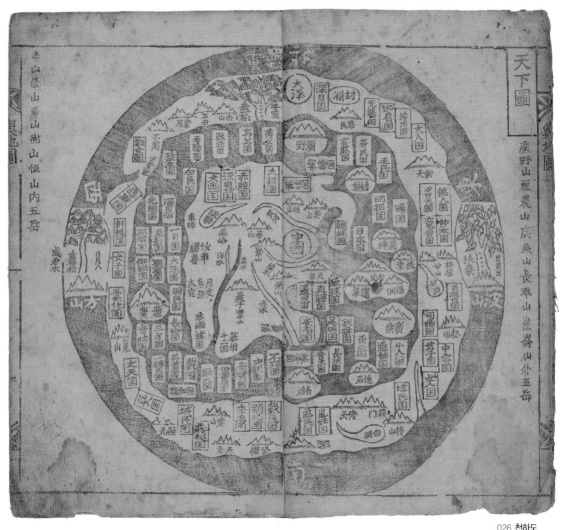

026 천하도

「여지도」에도 〈천하도〉가 들어 있다.

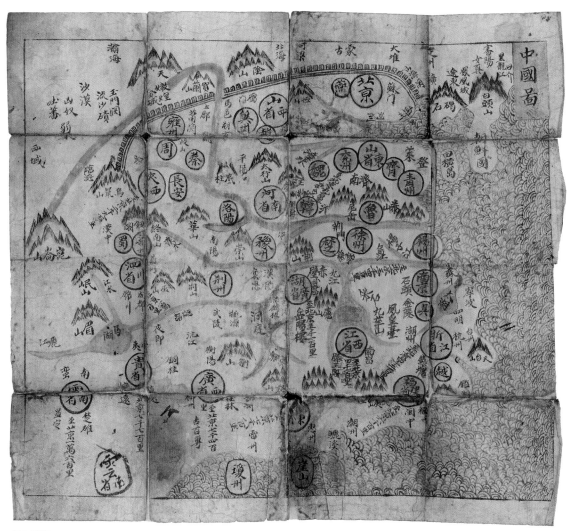

027 중국도

『수진본 지도』에는 조선팔도와 천하, 중국, 일본, 유구국 지도가 있다.

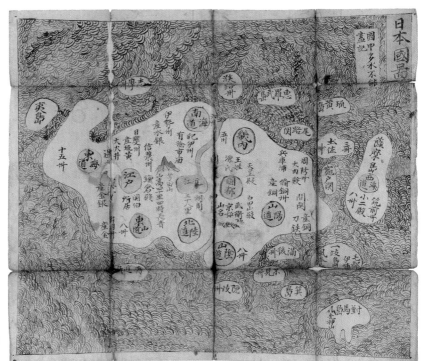

028 일본국도

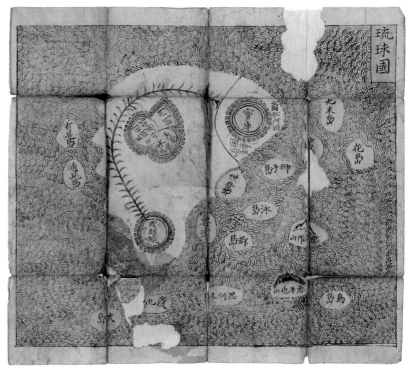

029 유구국도

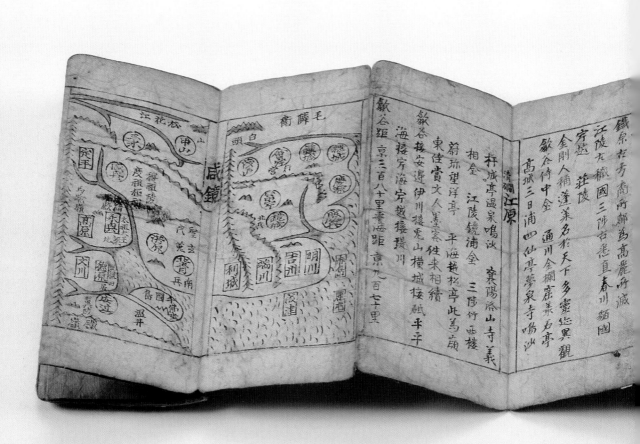

鐵原在孝尚南都為高麗所滅

江陵九穡國三沙在悉直春川貊國

宍越　莊陵

金剛人稱蓬菜名於天下多靈從異觀

歙谷侍中金

高城三日浦四仙亭夢泉寺鳴沙

通川金櫊屏叢名亭

歙谷距京三百八十里靑海距京九百七十里

清㴞江原

杆城亭溫泉鳴沙　襄陽洛山寺義

相全　江陵鏡浦全　三陟竹西樓

蔚珎望洋亭　平海越松亭此為嶺

東佳貴文人墓案往來相續

海接旴海宍越摻瑳川

歙谷接安邊伊川接東山橫城接砥平平

江花松山甲山

咸鏡

毛麟衞　明白

利城　明川穩通　圍團　茂圍　慶興

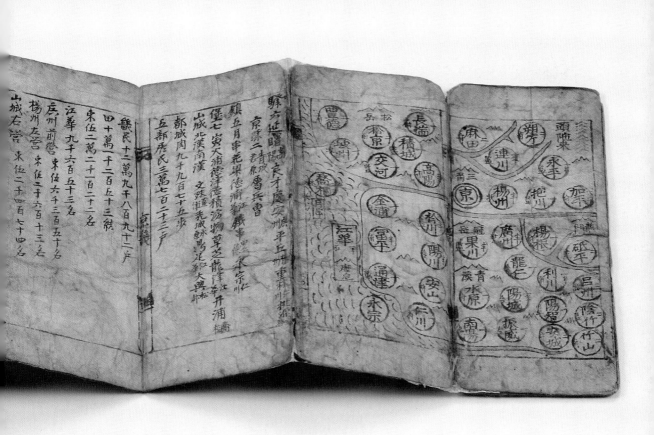

縣六 延曙昭陽戌才慶安順平軍重林利川抱川

京畿二 青城

京營 曹兵曹

顯五月事花梁德浦紀歲甲辰龍津華井浦橋

儌七 黃大浦德津德積湯物草芝龍津華井浦

山城北漢南漢 文殊湍髦城昧馬延雲大與松

都城周九千九百七十五步

五部歷民三萬七百二十三戸

疆民十二萬九千八百九十二戸

田十二萬二千五百十三結

束伍二萬二千一百二十二名

江華九千六百五十三名

廣州前營

楊州左營 束伍二千六百三十名

山城右營 束伍二千四百七十四名

京畿

유물로 보는 우리나라의 지리지

030 신증동국여지승람
『신증동국여지승람』은 조선 최고의 지리지이다.

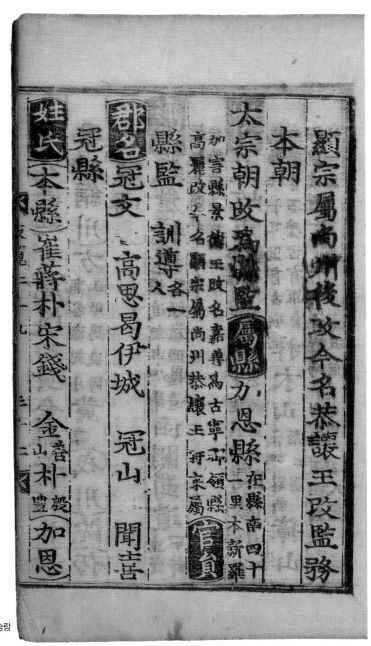

顯宗屬尚州後攷今名恭讓王玟監務

本朝

太宗朝政攻為縣監〔屬縣〕 力思縣 在縣南四十
里本新羅
加害縣景德王玟名嘉善為古寧郡領縣
高麗政今名顯宗屬尚州恭讓王行宋屬

縣監 訓導各一 〔官員〕

郡名 冠文 高思曷伊城 冠山 聞喜

冠縣

姓氏〔本縣〕崔蔣朴宋錢 金(善山)朴豐(加恩)

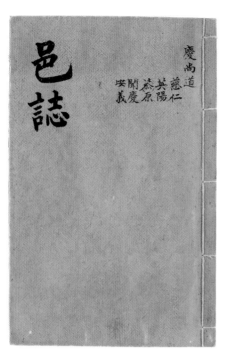

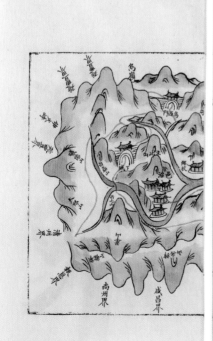

031 **문경현지**
1832년 경상도읍지 중 문경현지

032 동국지지
필사본으로, 조선의 연혁 등이 소개되어 있다.

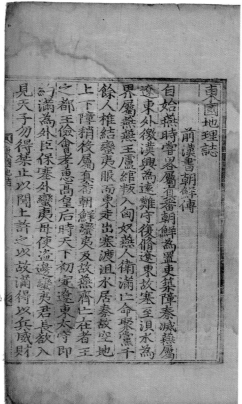

東國地理誌

前漢書朝鮮傳

自始燕時嘗畧屬真番朝鮮爲置吏築障塞秦滅燕屬
遼東外徼漢興爲遠難守復修遼東故塞至浿水爲
界屬燕燕王盧綰叛入匈奴燕人衛滿亡命聚黨千
餘人椎結蠻夷服而東走出塞渡浿水居秦故空地
上下障稍役屬真番朝鮮蠻夷及故燕齊亡在者王
之都王儉會孝惠高皇后時天下初定遼東太守即
約滿爲外臣保塞外蠻夷毋使盜邊蠻夷君長欲入
見天子勿得禁止以聞上許之以故滿得以兵威財

東國地志

033 **동국지리지**
한백겸이 조선의 강역, 지명, 국도 등에 관한 사항을 여러 문헌을 참조하여 편찬한 역사 지리서

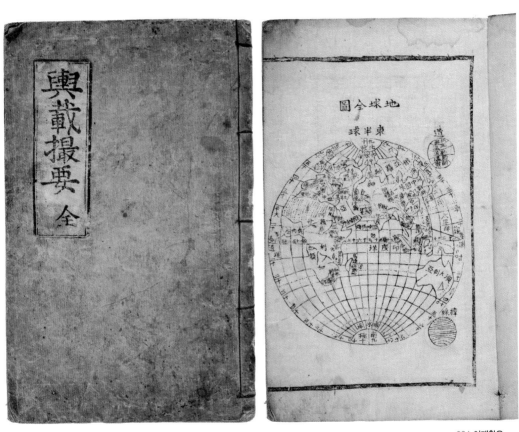

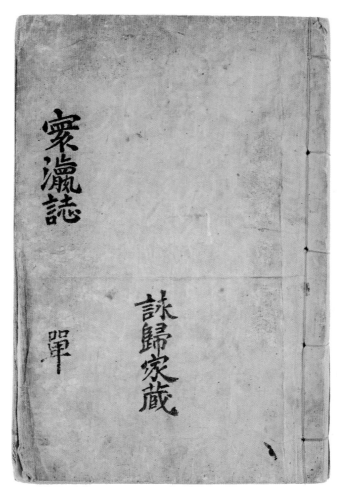

035 환영지
조선 후기의 학자 위백규가 편찬한 지리지

036 대한강역고
1903년, 장지연이 정약용의 『아방강역고』를 증보해
신식 활자본으로 간행한 역사 지리서

037 조선강역지
장지연이 『대한강역고』를 국한문혼용체로 번역해
1928년에 간행한 조선의 역사 지리서

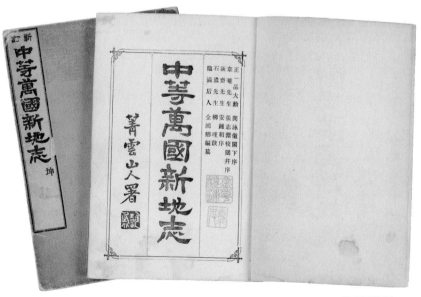

038 중등만국신지지
1907년, 김홍경이 편찬한 중등교육용 세계지지 교과서

大韓新地誌 坤

大韓新地志序
大韓新地志者何嵩陽張君志淵氏作也易謂乎新
所以別於舊也地之有志蓋尙矣禹貢記山川道里
貢賦夏志也周禮地官掌十有二壤之宜與廣輪之
數周志也楚左史倚相號能讀九丘九丘者九州之
書也漢史十志地居一焉是其橾也如古之無志則
都鄙鄕遂化民成俗之意均在田祿制民產以行王者
之政者均無所於考惡乎可哉在易之系曰仰以觀
於天象俯以察於地理夫不察乎此有能爲天下國
家者乎無有也今學校敎人地志列於一課舊有書

嵩陽山人　張志淵　著
石　雲　權東壽　籤

徽文舘印刷

大韓新地志

039 대한신지지
1907년 장지연이 저술한 지리 교과서

大韓地誌 一

040 대한지지
저자 · 연대 미상의 개화기 초등 지리 교과서

041 택리지
이중환의 『택리지』를 1912년
조선광문회에서 간행하였다.

042 택리지
실학자 이중환이 현지 답사를 기초로 하여
저술한 우리나라 지리서

043 택리지
조선 후기에 널리 필사되었던 『택리지』 중의 하나이다.

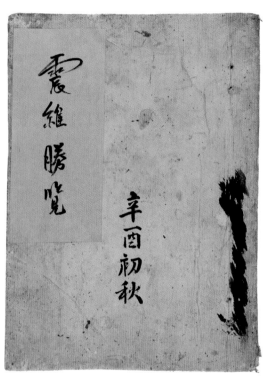

044 **진유승람**
『택리지』의 다른 이름이다.

045 **팔역지**
『택리지』는 '팔역지' 로도 불리었다.

*『택리지』는 '팔역지(八域誌)', '팔역가거지(八域可居誌)', '동국산수록(東國山水錄)', '진유승람(震維勝覽)', '동국총화록(東國總貨錄)', '형가승람(形家勝覽)', '동국지리해(東國地理解)', '동악소관(東嶽小管)', '박종지(博綜志)', '팔역기문(八域紀聞)', '팔도비밀지지(八道秘密地誌)' 등 다양한 제목으로 필사되어 전한다. 이는 이 책이 정치·경제·사회·문화 등 폭넓은 내용을 포함하고 있으며, 다양한 관점에서 해석되고 보급되었음을 반영한다.

046 조선환여승람
1936년에 이병연이 편집하고, 안병태가 교열 발행한 전국 각 군의 읍지이다.

047 교남지
경상도 각 군의 지지를 묶은 15책 지리지로, 1937년경에 간행하였다.

048 영가지
경상도 안동 지역의 사찬 읍지이다.

049 동경지
경상도 경주 지역의 읍지이다.

050 죽계지
경상도 영주 순흥 지역의 읍지이다.

051 축산지
경상도 용궁 지역의 지리지다.

우리나라의 옛길 **3**

조선이 개국되고, 수도 한양을 중심으로 조선 팔도에 X 자형 주요 도로가 개통되자 비로소 선진국으로 가는 기반이 조성된 것이다. 이 X 자형 도로망을 따라 조선 시대에는 영남대로, 의주대로, 삼남대로, 관동대로 등의 간선도로가 서울을 중심으로 해서 전국이 사방으로 연결되었다.

조선의 간선도로

모든 길은 한양으로,
조선의 X 자형 도로망

세계를 지배했던 로마 제국의 강성함을 가장 잘 나타내는 말이 바로 "모든 길은 로마로"이다. 로마가 지배한 나라들에게 세계의 모든 힘은 로마에서 시작된다는 것을 일깨우는 말이다. 세계를 제패한 로마는 그들을 다스리기 위해 말이 끄는 전차가 점령지까지 달릴 수 있도록 완벽한 도로를 만드는 데 공력을 기울였다. 그것은 점령한 지역을 원활히 지배하려면 신속하게 로마 중앙 지배층의 명령을 전달하고 시시각각 전해 오는 전쟁 상황을 보고받고 명령을 내려야 했기 때문이다.

세계를 지배하기 위해서는 도로망이 중요하다는 사실을 일찍이 안 나라가 바로 로마다. 이뿐 아니라 최초로 중국을 통일한 진시황도 역참제를 실시하였고, 세계의 가장 넓은 나라를 정복한 몽골제국도 역참제를 두고 정복한 나라들을 다스렸다.

이처럼 한 나라에 있어서 '도로'는 사람으로 치면 '대동맥'인 셈이다.

조선 시대에도 '모든 길은 한양으로'라는 목적 아래 조선 팔도에 X 자형 도로 교통망을 설치했다. 이 X 자형 도로망을 따라 조선 팔도의 대동맥이 힘차게 600여 년을 움직였다. 임금이 내린 어명이 지방의 관청으로 전달되었고, 세곡과 지방의 특산물·경제와 문화가 한양으로 집중되었다. 그런가 하면 한양의 우수한 문화가 이 도로를 따라 사방팔방으로 전해졌다.

물론 우리나라는 고려 시대부터 나라의 공무에 따라 닦은 역도가 개성을 중심으로 있었다. 하지만 엄밀히 말하면 고려 때에는 북쪽으로 발해와 거란이 차지하고 있어서 한반도 전체 영토를 회복하지 못해 교통망이 원활하지 못했다.

조선이 개국되고, 수도 한양을 중심으로 조선 팔도에 X 자형 주요 도로가 개통되자 비로소 선진국으로 가는 기반이 조성된 것이다. 이 X 자형 도로망을 따라 조선 시대에는 영남대로, 의주대로, 삼남대로, 관동대로 등 간선도로가 서울을 중심으로 해서 전국이 사방으로 연결되었다.

도로가 사방팔방으로 개통되자 공식적인 조선의 해외 체험 길이 생겼다. 의주대로는 중국에 사신으로 가는 연행사 길이며, 영남대로는 일본으로 가는 조선통신사 길로 유명하다.

조선의 관도 표지로는 일정한 거리마다 돌무지를 쌓고 장승을 세워 사방으로 통하는 길의 거리와 지명을 기록했고, 고개와 강을 경계로 지역을 구분하였다. 주요 도로에는 얇은 돌판을 깔거나 작은 돌, 모래, 황토 등으로 포장했다. 그리고 조선의 대동맥을 따라 수많은 역과 원, 점, 주막과 객주가 조성되었다.

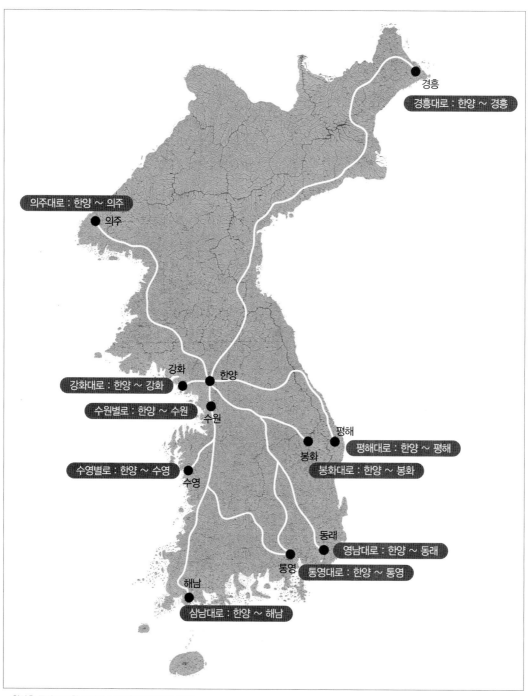

경흥대로 : 한양 ~ 경흥

의주대로 : 한양 ~ 의주

경흥

의주

강화

한양

강화대로 : 한양 ~ 강화

수원별로 : 한양 ~ 수원

수원

평해

평해대로 : 한양 ~ 평해

봉화

봉화대로 : 한양 ~ 봉화

수영별로 : 한양 ~ 수영

수영

동래

영남대로 : 한양 ~ 동래

통영

통영대로 : 한양 ~ 통영

해남

삼남대로 : 한양 ~ 해남

한양을 중심으로 한 조선의 도로망(조선의 10대 도로)

052 도리표
1912년, 조선광문회에서
간행한 도리표이다.

053 팔도각군현리수서차
『도리표』와 비슷한 것으로,
각 군현 간의 거리가 적혀 있다.

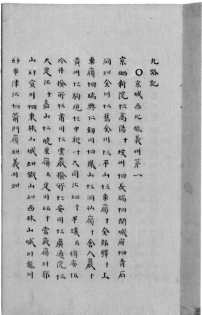

九路記

○京城西北扺義州第一

京城新院扺高陽十坡州扺長湍四開城府四青石
洞卅金川扺舊金川扺平山十東櫶扺金郊驛十上
東櫶扺瑞興扺鈒川扺鳳山扺洞仙嶺十合八嶺十
黃州扺中和十八同江細十平壤及順安扺
冷井櫶扺甫川扺雲巖櫶扺安州扺廣通院扺
大定江十嘉山扺曉星嶺扺定州扺鐵山
山扺宣川扺東林城扺鐵山城扺西林山城扺龍川
扺串津江扺蕭門嶺扺義州卅

054 구로기
조선 시대 대로의
노정이 실려 있다.

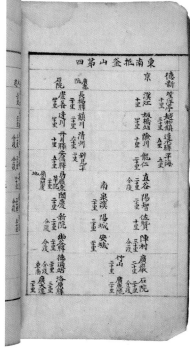

東南抵釜山第四

055 조선도로 거리표
앞부분에는 대로의 노정,
뒷부분에는 군현 간의 거리가
도표로 정리되어 있다.

056 기리표
대로의 노정과 군현 간의 거리가
표로 기록되어 있다.

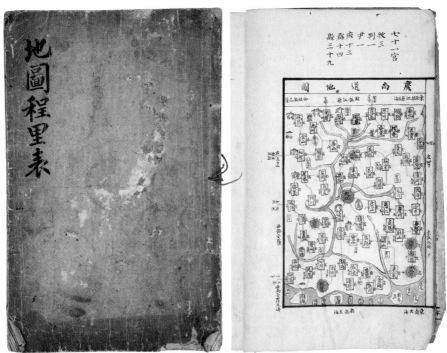

057 지도정리표
앞부분에는 팔도지도가
각각 그려져 있고,
뒷부분에는 대로의
노정이 정리되어 있다.

제1로 : 서울~의주

흔히 '연행로(燕行路)'로 불리는데, 전국의 간선도로 가운데 가장 큰 비중을 차지하는
도로이다. 명나라와 청나라 사절의 왕환로(往還路)일 뿐 아니라 우리나라 사절의 내왕로
였기 때문에 내왕의 편의는 물론, 도로의 수치(修治)도 매우 정비되었을 것으로 보인다.
특히 사절들의 숙식 및 연향(宴享)을 위하여 서울로부터 의주까지 관사가 설치되어 있었
다. 주요 노정은 '서울-고양-파주-장단-개성-금천-평산-서흥-봉산-황주-중화-평
양-순안-숙천-안주-가산-정주-곽산-선천-철산-용천-의주'이다. 이 간선에서 많은
가닥의 지선이 연결된다.

제2로 : 서울~서수라

서울에서 함경북도 서수라(西水羅)를 연결하는 도로로, 주요 노정은 '서울-다락원(樓
院)-만세교(萬歲橋)-김화-금성-회양-철령-안변-원산-문천-고원-영흥-정평-함흥-
함관령(咸關嶺)-홍원-북청-이성(利城)-마운령-마천령-길주-명천-경성-부령-무산-
회령-종성-온성-경원-경흥-서수라'이다. 이 도로를 가리켜 '관북로(關北路)'라고도
부르며, 두만강 하류까지는 일방통행로로 이루어져 있다.

제3로 : 서울~평해

서울에서 동해안의 평해를 잇는 도로로, 흔히 '관동로(關東路)'라고 불린다. 주요 노정
은 '서울-망우리-평구역-양근-지평-원주-안흥역(安興驛)-방림역(芳林驛)-진부역-
횡계역-대관령-강릉-삼척-울진(蔚珍)-평해'이다.

제4로 : 서울~부산

서울에서 부산을 잇는 간선도로로, 흔히 '좌로(左路)', '중로(中路)'로 불리기도 한
다. 특히, 좌로는 일본 사신이 서울로 들어오는 길을 겸하고 있고, 내륙 수로로서는 낙동
강과 한강을 이용함으로써 수륙 연결이 편리한 간선이기도 하다. 주요 노정은 '서울-한
강-판교-용인-양지-광암-달내(達川)-충주-조령-문경-유곡역(幽谷驛)-낙원역(洛原
驛)-낙동진(洛東津)-대구-청도-밀양-황산역(黃山驛)-양산-동래-부산'이다.

제5로 : 서울~통영

서울에서 통영을 잇는 간선도로인데, 서울로부터 문경의 유곡역까지는 노정이 같다.
따라서 이 도로는 '중로'라고 할 수 있다. 주요 노정은 '서울-제4로-유곡역-함창-상
주-성주-현풍-상포진(上浦津)-칠원-함안-진해-고성-통영'이다.

제6로 : 서울~통영

역시 서울에서 통영을 연결하는 간선이다. 주요 노정은 '서울–동작나루–과천–유천(柳川)–청호역(菁好驛 : 수원)–진위–성환역(成歡驛)–천안–차령–공주–노성–은진–여산–삼례–전주–오수역(獒樹驛)–남원–운봉–함양–진주–사천–고성–통영'이다.

제7로 : 서울~제주

서울에서 제주를 잇는 간선도로인데, 삼례역까지는 제6로와 같다. 따라서 우로(右路)에 해당된다. 주요 노정은 '서울–제6로–삼례역–금구–태인–정읍–장성–나주–영암–해남–관두량(館頭梁)…(水路)…제주'이다.

제8로 : 서울~충청 수영

서울에서 충청 수영(水營)까지의 간선도로이다. 우로를 따라 '진위–소사'에 와서 평택으로 이어진다. 그러므로 소사까지는 제6로와 같다. 주요 노정은 '서울–제6로–소사–평택–요로원(要路院)–곡교천(曲橋川)–신창–신례원(新禮院)–충청 수영'이다.

제9로 : 서울~강화

서울에서 강화를 연결하는 간선도로로, 주요 노정은 '서울–양화도–양천–김포–통진–강화'이다.

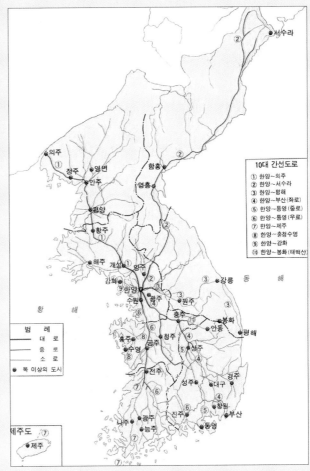

조선 시대의 간선도로 문헌에 따라 6대로·7대로·9대로·10대로로 구분되어 있다.

10대 간선도로
① 한양~의주
② 한양~서수라
③ 한양~평해
④ 한양~부산(좌로)
⑤ 한양~통영(중로)
⑥ 한양~통영(우로)
⑦ 한양~제주
⑧ 한양~충청수영
⑨ 한양~강화
⑩ 한양~봉화(태백산)

범례
━━ 대로
── 중로
‥‥ 소로
● 목 이상의 도시

우리나라의 옛길 95

의주대로(義州大路)

동아시아 문명의 교차로, 연행길

조선 시대 의주대로는 '사행길', '연행길'로 통한다. 명나라나 청나라에서 황제의 명을 받들어 조선으로 오는 사신 일행과 조선에서 북경으로 가는 조천사(朝天使), 연행사(燕行使) 들이 오갔던 길이기 때문이다. 이 길을 따라 한 해에 몇 차례씩 중국의 사신과 조선의 벼슬아치들이 400~500여 명씩 인원을 대동하고 지나다녔다. 또한 중국과 국경 무역을 하는 상인들이 많은 짐을 싣고 다니던 길이다. 따라서 의주대로는 조선의 대로 중 길이 좋았다.

의주대로는 조선 시대 9대 간선로 중 가장 중요한 도로로서 서울 창덕궁 돈화문을 출발하여 서대문(돈의문)-경기감영터(서대문 적십자병원)-모화관터-영은문주초(독립관)-무악재-홍제원터-구파발-신원역-벽제관-임진나루-송도-평양-압록강변 의주까지 이어지는 1080리 길이다.

조선은 명, 청 시기에 해마다 황제에게 진귀한 보물과 특산품을 선물로 보내기 위해 연행을 떠났다. 매년 정월 초하루에 보내는 정조사(正朝使)와 동지 즈음에 맞춰 인사 가는 동지사(冬至使)를 비롯해 황제와 황후 생일을 축하하는 성절사(聖節使), 황실의 초상·황제나 황태자의 국상을 비롯해 해마다 크고 작은 사행단이 있었다. 이에 청나라는 조선이 사행단 준비로 힘겨워하자 1년에 한 번만 사행단을 보내도록 간소화시키기도 했다.

조선에서 중국으로 가는 사행단은, 적게는 수십 명에서 많게는 수백 명에 이르렀다. 이들이 먹고 마시고 잠을 잘 수 있도록 해결해 줘야 하는 곳이 바로 의주대로가 지나가는 곳이었다. 사행단뿐만 아니라 중국으로 장사를 하러 떠나는 상인들도 의주대로를 지나갔기 때문에 의주대로는 늘 활기차고 상인과 관료들로 북적거렸다.

정약용이 팔았던 얼음

연암 박지원은 사행단의 일원으로 의주대로를 따라 북경에 다녀왔다. 연행길에서 보고 들은 이야기를 쓴 책 『열하일기』는 세계 최고의 도보여행기로 손꼽히고 있다. 그러나 『열하일기』는 의주에서 압록강을 건너면서부터 이야기를 전개하고 있어 당시 의주대로의 모습을 알 수가 없어 아쉬움이 남는다. 다행히 '실사구시'를 부르짖으며 조선 사회를 개혁하고자 했던 실학자 정약용의 『경세유표』에서 의주대로의 모습을 조금 엿볼 수 있다.

다산 정약용이 1797년 황해도 곡산 지방의 부사로 부임해 갔을 때의 일이다. 어느 날 뒷산 계곡에 맑은 물이 흐르는 것을 본 그는, 일꾼에게 물이 흘러 괴는 곳에 크고 깊은 웅덩이를 파게 했다. 어느덧 추운 겨울이 되자 정약용은 웅덩이 밑바닥에 기름 먹인 종이를 깔아 물이 괴게 했는데, 괸 물이 이내 추위에 꽁꽁 얼자 그 위에 왕겨를 덮고 다시 기름종이를 깔았다. 그리고는 또 물을 받아 얼리고 그 위에 왕겨를 덮은 뒤, 기름종이 까는 일을 되풀이했다. 그렇게 몇 번을 거듭하여 계속 물을 얼린 다음, 얼음 맨 위에는 볏짚을 두껍게 덮었다. 날이 풀려도 얼음이 쉬 녹지 않게 하기 위해서였다.

이윽고 해가 바뀌어 여름이 왔다. 그런데 마침 한양으로 향하던 중국 사신 일행이 이웃 고을인 수안에 머물게 되었는데, 갑자기 큰 소동이 벌어졌다. 더위에 지친 사신 일행이 한사코 얼음을 찾는다는 것이었다. 관리들이 쩔쩔매고 있다는 소식을 접하게 된 정약용은 지난 겨울 동안에 저장해 두었던 자연 석빙고를 열어보았다. 그때까지 얼음이 돌같이 단단해 도끼로 깨뜨려야 할 정도였다고 한다. 이 얼음을 꺼내 사신 일행을 접대해 소동을 잠재우고 이웃 고을에도 팔아 많은 이익을 남겨 관아의 경비로 썼다고 그의 저서 『경세유표』에 기록되어 있다.

사신과 상인들이 분주히 오가는 이 지역 사람들은 그들을 상대로 장사를 해서 수익을 올렸을 것이다. 어쩌면 우리나라 최초로 외국인들에게 얼음을 팔았던 사람들이 의주대로 백성들일지도 모른다.

평양은 왜 기생이 많았는가?

평양은 중국으로 가는 유일한 육로로, 사신을 접대하기 위해 뽑은 얼굴 예쁘고 가무에 뛰어난 관기들이 많았다. 송도(개성)와 평양의 사신들이 묶는 관사에서는 화려한 연회가 자주 열렸다. 이로 인해 그 지역의 백성들은 물품을 조달해야 했고, 고관대작들과 놀아난 기생들의 입김이 커지다 보니, 일부 관직 매매에도 실력을 행사하였다. 또 중국과 무역하는 상인들도 연행길을 이용했는데, 이들은 미색이 뛰어난 평양 기생들의 유혹에 하룻밤에 돈과 재산을 탕진한 일화들이 많았다. 그래서 구한말 학자 황현 선생은 "충청도는 양반 피해, 평양은 기생 피해, 전주는 아전 피해가 크다."고 했다. 이런 연유로 평양 기생은 조선 기생 중 최고로 손꼽혔다.

의주대로는 중국을 오가던 사신들의 길인가 하면, 몽골과 청나라의 침입을 받았던 뼈아픈 전쟁의 길이기도 하다. 또 조선에서 유일하게 동서양의 문화가 이어지던 문화 교류의 통로였다. 의주대로는 사행단에 의해 중국의 선진 문화가 이 길을 통해 들어왔고, 조선의 유수한 문화가 중국으로 전파되었던 문명의 길이다.

이처럼 의주대로는 수많은 연행사신들이 당대의 외교적 현안을 해결하기 위하여 중국을 오가던 역사의 길인가 하면, 새로운 사상과 시대 정신의 구현을 위하여 너른 포부를 안고 중국을 향했던 실학자들에게는 새로운 세계에 대한 탐구와 자기 성찰의 기회를 제공했던 정신사적 공간이었다.

서구 문물의 유입과 전파, 그리고 한중 간의 역사·정치·외교·경제·사회·문화의 교류 등이 활발하게 이루어졌던 '동아시아 문명길'도 의주대로로부터 시작되었다고 할 수 있다.

의주대로의 터줏대감 '평안감사'

조선 조정의 권력층과 중국의 사신들을 시도 때도 없이 대접해야 하는 평안감사(평안도 감영이 평양에 있어서 '평양감사'로 불렸지만 사실은 '평안감사'가 옳다.)는 분주한 나날을 보내지 않을 수 없었다.

한편 사행단이 의주대로를 지나며 머무는 동안 그들을 접대해야 할 의무가 있는 평안도 백성들은 피해가 컸다. 게다가 공식적인 사신 일행이 사용하는 비용뿐만 아니라 의주·회령·경원에서 열린 중국과의 호시무역(互市貿易)의 비용도 평안도·함경도에 전가되었다. 이에 평안도 백성들은 여러 가지로 과중한 조세 부담에 원성이 높았다. 조정에서는 『경국대전』의 속편인 『속대전』 권2 「호전(戶典)」 '수세조(收稅條)'에 "서북의 세곡(稅穀)은 본도(本道)에 유보하고 함부로 다른 지방으로 옮겨서는 안 된다."고 기록하고 있다. 한마디로 평안도는 백성들로부터 받은 세금을 조정에 보내지 말고 중국을 오가는 두 나라 사행단을 위해 자체적으로 사용하라는 법이었다. 그러니 평안감사와 관료들은 조정의 눈치도 보지 않고 많은 재물을 모으고 쓸 수 있었다. 또 조정의 영향력이 있는 권세가들과 중국 사신들이 오가며 평안감사와 친밀한 관계를 맺어 든든한 배경을 갖게 되었다.

사정이 이렇다 보니 평안도를 관할하는 평안감사는 대단한 배경에 의한 여러 가지 이권을 챙길 수 있었다. 그래서 조선 시대에 평안감사로 부임하면 동료 관료들로부터 대단한 축하를 받았다. 요즘 소위 말하는 보직이 좋아 '한몫 잡아 출세하는 지름길'이었다.

이런저런 조건으로 인해 평안감사는 선호의 대상이었고, 그로 인해 "평안(평양)감사도 저 싫으면 그만."이라는 속담이 민중 사이에 회자되었다. 최고의 자리라도 자기가 싫으면 관둔다는 이야기를 빗대어 평안감사를 끌어들인 것이다.

058 연행음청일기
연행일기는 북경에 가던
연행사 일행이 쓴 것으로,
김동건·한밀리 등의
일기가 수록되어 있다.

059 연암속집
박지원의 『연암집』의 속집으로 편찬되었다.

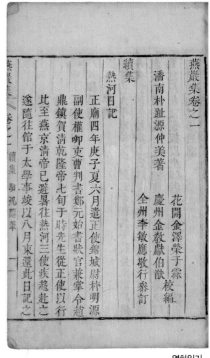

열하일기
박지원의 『연암속집』에 「열하일기」가 실려 있다.

甲辰正月四還時

清北自義州至安州

都差使貟龍川府使金箕祖

都差使宣沙僉使吳光勳

清南自安州至中和

都差使貟价川郡守白樂莘

都領差使廣梁僉使金重輝

驛馬兩具夫沿無差使貟

清南北無魚川察訪李昌祖

義州鴨綠江

小西江　過渉差使貟以義州府境內邊將

中江　　差薹事分付同府

古津江

博川大定江

安州清川江　過渉差使貟各其地方店

平壤大同江

陪行農吏金宗麗

啓書陳鶴年

二台子　　一里
乾八浦　　一里
四台子　　九里
少長嶺　　五里
松站　　　十里
伯顔洞　　十五里合五十里

劉家河　　六里
大長嶺　　五里
瓮北河嶺　一里
黄家庄　　二里合二十五里

分水嶺　　四里
省祠洞　　五里
和尚台　　八里
石隅　　　十里
通遠堡　　三里
甜水站　　五里合三十五里

高家嶺　　四里
俞家嶺　　四里
林家臺　　一里
范家臺　　五里合三十里

三流河　　五里
頭關　　　十里
摩天嶺　　八里
狼子山　　九里
小石嶺　　二里
青石嶺　　五里合三十里

三道方身　四里
二道方身　三里
通遠堡　　三里
石隅　　　十里
甜水河　　五里
王寶臺　　七里合四十里

迎官　　　四里
接遇所　　五里
十里河堡　五里
板橋堡　　五里
長盛店　　七里合二十六里

黄家庄　　五里
五里河堡　五里
沙河子　　六里
古家堡　　四里
邑匠鋪　　六里合二十六里

一白所塔堡四里
混河堡　　五里
渾河　　　二里合十里

一里源出六峯山
濳陽自柳至陽四百四十五里
自柵至陽六里合二十六里

願堂寺　　五里
塔橋　　　七里
方士材　　五里
壯元橋　　六里
安家子　　八里合三十里

義州府尹尹致巳

義州站查對官

魚川察訪李昌祖

安州牧使金東獻

安州站查對官

大同察訪李廷憲

戲山縣令金甫淵

平壤庶尹徐有民

平壤站查對官

清北魚川察訪李昌祖

清南大同察訪李廷憲

驛馬雨具夾從差使貟

北京夫馬整理差使貟清城僉使鄭之雄

預差嘉山郡守尹致誼

都差使貟郭山郡守李承命

清北自安州至義州

預差老江僉使金大英

都差使貟中和府使李無照

清南自中和至安州

060 연행사 차사원 명부

연행사 노정로인 의주대로 상의 지방관 명단이 수록되어 있다.

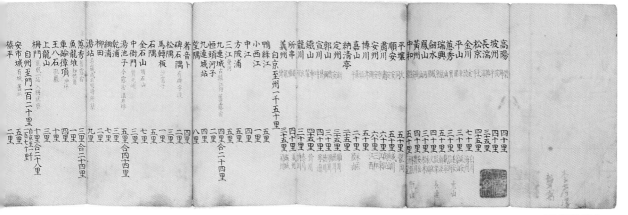

061 연행노정기

1835년, 사은부사로 중국에 다녀온 이언순의 노정이 기록되어 있다.

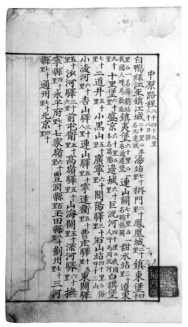

062 노정기
앞 장에 중국 노정기가 실려 있으며,
뒷부분에는 도리표가 실려 있다.

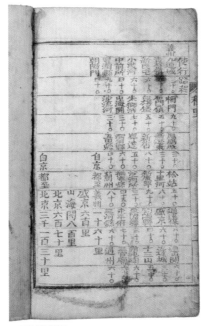

063 간독절요
『간독절요』의 부록으로 '정리'가 실려 있으며,
대로의 노정과 중국 연행로의 노정이 실려 있다.

064 야촌집
1677년 서장관으로 중국에 다녀온 손만웅 선생의
문집으로, 연행단가가 한글로 기록되어 있다.

병자호란의 굴욕 환향녀의 길

병자호란을 겪으며 조선의 많은 여자들이 청의 수도 심양으로 끌려갔다. 공녀들은 청나라에 끌려가 온갖 허드렛일을 하며 노예처럼 살았다. 특히 돈을 벌 욕심으로 조선사대부 아녀자들을 공출해 봉천(심양)에 데려가는데, 얼마 후 속환, 즉 돈을 내고 데려가라는 조건을 제시한다. 그러나 정절을 중시 여기는 조선의 사대부들은 아녀자가 오랑캐로 여기는 청국에 끌려갔다고 해서 많은 돈을 주고 데려올 리 만무였다. 이미 집 밖으로 나간 조선 여인으로서 '정절'을 잃었으니 가문의 수치라며 오히려 죽은 여인네 취급을 했다. 청국은 '공녀 속환'이 효과를 거두지 못하자 조선 여인들에게 모두 '환국'하라며 풀어 준다.

이로 인해 조선 사회는 '환국'으로 발칵 뒤집혀 사회적으로 큰 혼란에 빠졌다. 조선 여인들은 의주대로를 따라 돌아오다가 이미 몸을 더럽혔다며 강물에 뛰어들어 생을 마감하거나 심양에서 종살이를 하며 머무는 여인도 있었다. 우여곡절 끝에 집으로 돌아와도 대문을 걸어 잠그고는 열어 주지 않아 집안에 발도 붙이지 못한 채 얼어죽거나 굶어죽는 일이 일어났다. 차라리 여인에게 죽음을 강요하며 고향으로 돌아오지 말 것을 요구하니, 심양으로 되돌아가거나 강물에 뛰어들고 목을 메어 자살하는 등 조선은 환향녀 사태로 난리 소용돌이에 휩싸였다.

이에 영조는, '환향녀' 중 한양으로 들어오기 전 의주대로변 홍제천(모래내) 개울물로 몸을 씻은 여인은 지난 일을 묻지 않겠다는 특별 조치를 내린다. 이 소식을 들은 환향녀들이 밤을 기다렸다가 홍제천에 몸을 담그고 씻어 내는 진풍경이 일어나기도 했다. 하지만 여인에게 정조와 순결을 중시했던 사대부들은 이마저도 받아들이려고 하지 않았다. 그러자 영조는 사대부들에게 재가를 허락했다. 당시 사대부는 능력에 따라 여러 명의 첩을 둘 수는 있었지만 정실 부인이 살아 있으면서 새로 장가들기는 법에 어긋나는 일이었다.

우리 역사 속 조선 여인들의 수난사에서 생겨난 '돌아온 여인', 곧 '환향녀(還鄕女)'는 오늘날 '화냥년'으로 변하여 '부도덕한 여자를 대신하는 욕'으로 남아 쓰이고 있다.

나라를 제대로 지키지 못하고 제 나라 여인에게 큰 고통을 안긴 조선 조정과 남자들은 역사 속의 가련한 여인에게 사죄하는 뜻에서 '화냥년'이라는 말은 함부로 쓰지 말아야 한다.

박지원의 『열하일기』

서장관은 사행 중 보고 들은 견문록을 작성해 국왕에게 보고했으며, 사행단으로 따라 갔던 박지원의 『열하일기』는 이런 연행록의 대표적인 저작이다.

연암 박지원은 삼종형이 사행단에 선발되어 그의 추천으로 함께 가게 된다. 『열하일기』는 1780년 5월에 한양을 출발하여 6월 24일에 압록강을 건너면서부터 이야기가 전개된다. 압록강을 건너 정해진 길을 따라 이동하며 힘들게 북경까지 갔는데, 황제가 피서 산장이 있는 '열하'에서 휴가 중이라는 소식에 다시 열하까지 갔다 오는 과정을 세세히 기록한 여행서다. 국내 여정 기록이 없었던 당시 이 여행서는 중국의 문화와 경제·정치·군사·인물·사회상 등 다양하게 기록되어 있어 해외 여행서의 백미로 평가되고 있다.

『열하일기』는 실학자의 개혁사상까지 들어 있는 다양하고 방대한 기록문학인 동시에 개혁 의지가 돋보이는 실용서이기도 하다. 박지원은 오랑캐로만 여기던 청국의 수준 높은 문화와 과학기술에 대해 잘 묘사하였는데, 벽돌로 쌓은 청나라 성벽과 무기들을 찬찬히 살피고 책문에서 청나라 병사들의 거만함과 일부 돈을 주고 통과하는 사행단의 실상도 적나라하게 기록하였다.

그는 청나라의 생활풍속을 이야기하면서 조선 사회를 걱정하고 개혁하려는 생각을 기록하기도 했다. 청나라의 수준 높은 문화를 체험한 박지원은, 청나라는 조선이 생각하고 있는 오랑캐 문화가 아님을 깨닫게 된다.

영남대로

조선통신사의 길

조선 시대 주요 도로는 한양을 중심으로 종착지를 연결하는 방향에 따라 그 이름이 정해졌다. 영남대로는 조선 시대 간선도로 중 가장 대표되는 도로다. 연장은 총 950여 리, 380km에 달했다. 이정(里程)의 기점은 65개, 통과하는 읍의 수는 68개, 여기에 주요 지선 27개가 이어져 있다.

영남대로는 중국과 조선의 문화와 과학 기술을 일본으로 전해 주는 조선통신사의 길이다. 그런가 하면 임진왜란을 일으킨 일본이 조선통신사 길을 따라 진격한 전쟁의 길이기도 하다.

이처럼 영남대로는 조선의 대동맥으로서 큰 역할을 하며 600여 년을 이어 왔다. 특히 영남대로는 영남의 유수한 선비들이 과거를 보러 오는 '과거 길'로 유명하다.

조선통신사는 1428년(세종 10년)부터 1811년(순조 11년)까지 조선의 왕이 일본의 실질적인 최고 통치자인 막부 장군에게 보낸 외교사절단이다. 일본 막부의 문화적 교류 요구에 의해 사절단이 구성되어 조선 시대 전반에 걸쳐 파견되었다. 일반적으로 조선통신사는 임진왜란 이후 행해진 12차례의

조선통신사 행렬도 조선통신사의 행렬은 400~500명이나 되었다.

사신 행차를 일컫는다. 그것은 후기의 조선통신사가 전란의 상처를 딛고 행해진 외교사행인 데다, 이를 통해 양국의 다양한 문화가 교류하는 공식 통로 역할도 수행했기 때문이다.

조선통신사는 왕이 보내는 나라의 공식적인 외교사절단이지만 문화사 절단 역할도 하였다. 통신사의 구성원을 보면 외교에 밝고 학식과 문장으로 이름난 사신을 비롯하여 제술관, 서기, 의원, 사자관, 화원, 악대, 마상재 등 한결같이 문학적 재능과 기예로 당대를 대표하는 이들을 선발하였다.

조선통신사의 구성 인원은 보통 400~600여 명에 이를 정도로 대단했다. 조선통신사의 귀국 일정은 보통 6개월~1년 정도 걸렸으며, 무더운 여름이나 추운 겨울에는 2년여에 걸친 사행도 있었다.

조선통신사의 전체 노정은 한양에서 대마도를 거쳐 에도까지 왕복 약 4700km이며, 그 중 5분의 1이 국내 노정이다. 왕명을 받고 숭례문을 나선 조선통신사는 "갈 때는 경상좌도를 거쳐 가고, 올 때는 경상우도를 거쳐 온다."는 규정에 따랐다. 일본으로 갈 때와 돌아올 때 다른 길을 택한 것은 수백 명의 통신사가 먹고 잠자는 것을 마련하려면 그 지역 백성들의 부담이 컸기 때문이다.

왕명을 받고 숭례문을 떠난 통신사는 '양재, 판교, 용인, 양지, 죽산, 무극, 숭선, 충주, 안보, 문경, 유곡, 용궁, 예천, 풍산, 안동, 일직, 의성, 청로, 의흥, 신녕, 영천, 모량, 경주, 구어, 울산, 용당, 동래'를 거쳐 도일 전 마지막 집결지인 '부산'에 이르렀다. 이들은 부산에 도착하여 길일을 정해 일본으로 떠나는 그날 영가대(永嘉臺)에서 '해신제(海神祭)'를 지냈다. 해신제는 도일을 앞둔 조선통신사가 부산의 영가대 앞에 해신을 모신 제단을 설치하고, 사행의 안전과 무사 항해를 기원하던 행사다.

대마도에 도착해 일본 일정을 시작한 통신사는 교토까지 가면서 각 지역의 막부로부터 열렬한 환영을 받으며 귀한 대접을 받았다. 조선통신사를 통해 섬나라 일본은 대륙의 문화와 기술을 받아들일 수 있었다.

임진왜란 전 우리나라는 60여 차례 정도 일본에 사절단을 보냈는데, 일본에서 건너온 사절단은 그 횟수를 비교할 수 없을 정도로 많았다. 일본은 무역과 수준 높은 대륙문화를 받아들이려고 통신사를 보내달라는 요구를 하였다. 섬나라 일본으로부터 수입할 것이 별로 없었던 조선은 마지못해 사행단을 교린 차원에서 보내는 식이어서 일본에 비해 적극성은 없었다.

조선통신사

조선통신사는 문화적 역량을 바탕으로 일본인과 시문을 주고 받는 문학적 교류를 비롯하여 예능은 물론 생활문화와 의술, 조선 등 기술문화에 이르기까지 활발하게 교류했다.

조선통신사의 행렬은 왕의 행차만큼이나 화려하고 볼 만했다. 이들에게는 중도에 연향이 베풀어졌는데, 처음에는 충주·안동·경주·부산의 4개소에서 베풀어졌으나 후기에 와서는 민폐 때문에 부산 한 곳에서만 베풀어졌다.

왕명을 따르는 조선통신사를 위해 영천에서는 경상도 관찰사가, 부산에서는 경상 좌수사가 연향을 베풀었다. 특히 부산의 전별연은 경주, 동래, 밀양의 기생들이 저마다 기예를 뽐내는 경연장이 되어 예능인들의 기예 향상과 상호 교류가 자연스럽게 이루어질 수 있었다. 신유한의 『해유록(海游錄)』에는 안동과 영천에서 말 위에서 재주를 부리는 기예, 즉 '마상재'를 묘사해 놓은 글도 있다.

이처럼 조선통신사의 발걸음이 머문 곳에는 국토 산하의 아름다움도 오롯이 작품으로 피어났다. 괴산의 수옥정에서는 10여 길의 폭포수가 물방울이 되어 흩어지는 아래서 의관을 풀어헤치고 한잔 술을 나누었고, 힘겹게 넘어온 문경새재의 교귀정에서는 가을빛으로 물든 산봉우리에 넋을 잃고 말았다. 안동의 영호루와 망호루, 영천의 조양각, 의성의 문소루와 관수루, 밀양의 영남루, 부산의 태종대, 해운대, 몰운대, 금정산성 등 노정상의 명소를 마주할 때마다 어김없이 그 감흥을 시문으로 옮겨 냈다. 그야말로 사행 노정을 따라 국토 산하의 재발견이 이루어진 셈이다.

조선통신사가 일본에 다녀온 기록을 모아 놓은 『해행총재(海行總載)』에는 문경과 관련된 기록이 매우 많다. 사행에 대한 접대, 인마의 교체, 환송연 개최에서부터 이 지역의 문경새재와 용추, 교귀정, 관산지관, 유곡역 등의 경관을 노래하고 소회를 기록한 것들이다.

대표적인 기록들을 살펴보면 신유한(申維翰)의 『해유록』, 강홍중(姜弘重)의 『동사록(東槎錄)』, 홍우재(洪禹載)의 『동사록』, 신숙주(申叔舟)의 『해동제국기(海東諸國記)』, 조엄(趙曮)의 『해사일기(海槎日記)』, 유상필(柳相弼)의 『동사록』, 조명채(曺命采)의 『봉사일본시문견록(奉使日本時聞見錄)』, 김세렴(金世濂)의 『해사록(海槎錄)』, 작자 미상의 『계미동사일기(癸未東槎日記)』, 남용익(南龍翼)의 『부상록(扶桑錄)』 등이 이에 해당된다. 이 기록들은 당시 통신사에 참여한 인물들이 일본에서 경험한 사실들을 일기 형식으로 기록하여 남겨 놓은 것으로, 당시 문물 교류를 살피는 데 좋은 자료가 된다.

'임진왜란'의 길

　조선에서 보낸 '통신사'와 일본에서 보낸 '국왕사'는 서로 나라의 정세를 염탐하는 기회이기도 했다. 선조 24년 정월, 일본에 간 통신사 정사 황윤길과 부사 김성일이 귀국한다. 그리고 선조에게 일본의 동정에 대해 보고한다. 이 자리에서 황윤길과 김성일은 어찌된 일인지 각기 다른 보고를 한다.

　황윤길은 "필시 머지않아 병화가 있을 것이다."라고 하였고, 김성일은 "그러한 정상을 발견하지 못했는데, 황윤길이 장황하게 아뢰어 인심이 동요하게 되니 사의에 매우 어긋납니다."라고 하였다.

　선조는 풍신수길 인상에 대해 다시 물었다. 황윤길은 "눈빛이 반짝반짝하여 담과 지략이 있는 사람인 듯하였습니다."라고 아뢰었다. 이에 김성일은 "그의 눈은 쥐와 같았는데 두려워할 위인이 못 됩니다."라고 아뢰었다.

　정사와 부사가 일본 정세를 보는 눈이 이렇게 달랐다. 유성룡은 이황 문하에서 함께 공부한 후배 김성일에게 "일본의 전쟁 가능성은 없느냐?"고 개인적으로 만나 다시 물었다. 그러자 "나도 어찌 왜적이 나오지 않을 것이라고 단정하겠습니까? 다만 온 나라가 놀라고 의혹될까 두려워 그것을 풀어주려 그런 것입니다(『선조실록』, 24년 3월 1일)." 하고 말했다. 전쟁보다 더 무서운 것이 혼란한 민심이라서 그렇게 아뢰었다는 것이다.

　어찌되었든 조선은 전쟁을 대비하지 못하고 있다가 임진왜란을 맞이한다. 명나라를 쳐야 하니 조선의 영남대로와 의주대로를 지나갈 수 있도록 길을 비켜 달라고 했다. 그것은 한낱 구실일 뿐이었다. 결국 조선 팔도가 전란에 휩싸여 선조는 궁궐을 비우고 의주까지 몽진을 하고, 백성들은 도탄에 빠지는 비극을 맞게 된다.

　김성일은 일본 정세에 대해 잘못 보고한 죄를 물어 전쟁이 발발하자 즉

시 파직당한다. 그러나 김성일은 유성룡의 변호로 다시 경상도 초유사가 되어 속죄하듯 목숨 걸고 의병을 모아 진주성 전투를 승리로 이끄는 데 기여한다. 그는 그해 8월, 경상도 관찰사가 되어 김시민과 곽재우를 휘하에 두고 임진왜란을 치르다가 전쟁 중인 1593년 병을 얻어 세상을 떠난다.

한편, 임진왜란 이후에 파견되는 통신사는 전쟁 상태 종결을 위한 강화 교섭, 피로인(被擄人) 쇄환(刷還 : 외국에서 떠돌고 있는 동포를 데리고 돌아옴.), 국정 탐색, 막부 장군의 습직 축하 등 역시 정치·외교적인 목적에서 통신사를 파견하였다. 반면, 조선 후기에는 일본으로부터 일본 국왕사의 조선 파견은 금지되었다. 조선 전기에 일본 국왕사의 상경로가 임란 당시 왜병의 침략로로 이용되는 등 피해가 심하자, 일본 국왕사의 상경을 허락하지 않았기 때문이다. 그리하여 일본 국왕사 파견은 중단되고, 대신 막부 장군에 관한 일은 차왜(差倭)가 대신하게 된다.

1428년(세종 10년) 장군 습직 축하로부터 시작된 통신사는 1811년(순조 11년) 대마도에서 국서를 교환하는 역지통신(易地通信)으로 변질되었고, 이것을 마지막으로 역사에서 사라졌다. 그 후, 일본은 일찍이 근대화에 성공해 국력이 강해짐에 따라 대한제국은 신문물을 배운다는 취지로 '신사유람단'을 일본에 보낼 정도로 형국이 뒤바뀌게 된다. 결국 대한제국은 일본에 의해 식민지화되는 비극을 맞이하였다.

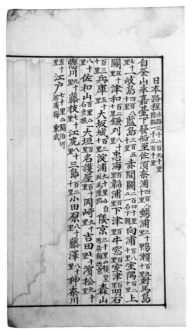

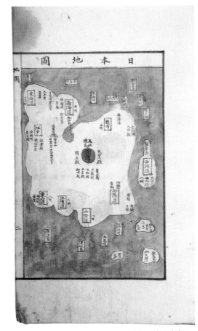

065 노정기
앞 장에 일본 노정기가 실려 있으며,
뒷부분에는 도리표가 실려 있다.

066 지도정리표
팔도지도와 함께 일본국도가 그려져 있다.

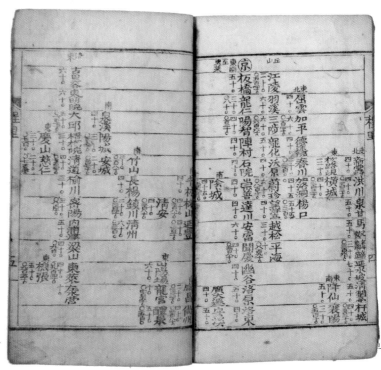

067 간독절요
영남대로의 노정이 보인다.

영남대로 문경새재 옛길

우리나라의 유명한 영남 고개

우리나라의 유명한 고개로는 '문경새재[鳥嶺]', '한계령(寒溪嶺)', '대관령(大關嶺)', '육십령(六十嶺)', '죽령(竹嶺)', '이화령(梨花嶺)', '진부령(陳富嶺)', '팔량치(八良峙)', '박달재', '추풍령(秋風嶺)' 등이 있다.

영남대로의 중요한 길목 '문경'은 길문화의 성지로 통한다. 문경에는 국가 지정 문화재인 고갯길의 대명사 '문경새재'와 가장 오래된 고갯길인 '하늘재', 그리고 한국의 차마고도에 비견되는 '토끼비리', 영남대로 상의 허브 역할을 담당했던 '유곡역'이 있어 길문화의 보고라 할 만하다.

옛길박물관에 가면 이 지역을 위성 촬영한 사진이 있다. 첩첩산중인 소백산맥 계곡을 따라 하늘재, 이화령, 문경새재 등 구불구불한 옛길의 모습을 한눈에 볼 수 있으며, 이 곳을 넘나들던 고개가 얼마나 험한지를 알 수 있다.

우리나라 최초의 고갯길 계립령 '하늘재'

신라는 북쪽으로 백두대간 줄기에 가로막혀 있어서 영토를 넓히기 위해서는 한강 유역으로 진출해야만 했다. 계립령과 죽령 북쪽이 당시 백제가 차지하고 있던 한강 유역이었다. 그래서 백두대간 고개 중에서 계립령(월악산 하늘재)과 죽령(소백산 죽령)을 군사적 목적으로 개통했다.

『삼국사기』에 따르면 하늘재는 서기 156년, 지금으로부터 1800년 전 신라 아달라이사금 3년에 개통된 '계립령'이라고 기록되어 있다. 하늘재는 신라가 최초로 개통했지만 한강 유역의 실질적인 주인 백제로 인해 쉽게 고개를 넘지는 못했다. 후에 고구려 장수왕의 남하정책으로 한강 유역이 고구려 수중에 들어갔을 때 신라와 고구려는 영토 문제로 잠시 시비가 있었다. 그러나 곧 고구려는 형, 신라는 아우라는 형제의 약속을 맺고는 하늘재를 사이에 놓고 국경을 삼았다. 이때 세운 비가 하늘재 아래 충주 '중원 고구려비'이다.

수백 년이 흘러 고구려의 세력이 약해지자 신라는 하늘재와 죽령을 넘어 백제와 협공하여 고구려를 북쪽으로 쫓아내고 한강 유역을 차지했다. 드디어 신라가 하늘재와 죽령을 다스리는 주인이 되었다. 그리하여 삼국통일을 향한 걸음은 빨라졌다.

신라의 대군은 삼국 통일 위업을 달성하기 위해 오래 전 개통한 이 길로 군수물자를 비롯해 엄청난 병력을 투입했다. 그래서 이 길은 병사들의 고

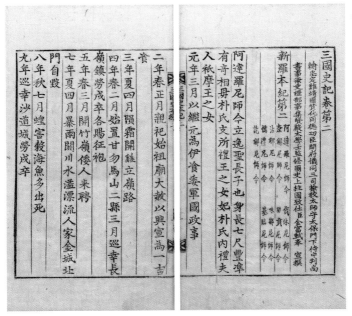

068 삼국사기
신라 아달라이사금조 3년(156년)에 계립령이 열렸다. ⓒ 서울대학교 규장각

하늘재

우리나라 역사상, 문헌상 최초로 나오는 '계립령'은 오늘날 문경시 관음리와 충주시 미륵리 사이의 고개 '하늘재'이다. 조선 초기 문경새재가 개척되기 전까지 1200여 년 동안 영남과 기호를 잇는 도로였다.

된 노동과 전쟁의 두려움, 고향에 두고 온 가족에 대한 향수, 그리고 삼국 통일의 기백이 함께 스며 있는 역사의 길이기도 하다.

신라가 삼국을 통일한 이후 하늘재는 영남과 기호를 잇는 주요 교통로가 되었다. 하늘재는 신라 초부터 고려 말까지 1200여 년 길손들이 각자 사연을 안고 오갔던 유구한 역사를 지닌 길이다.

온달 장군의 한이 서린 군사 요충지 '죽령'

하늘재를 개척한 아달라이사금은 내친 김에 2년 후 서기 158년, 경상북도와 충청북도를 가로막은 소백산 자락에 또 하나의 군사도로 '죽령'을 개척했다. 신라는 험준한 소백산맥에 가로막혀 백제가 차지하고 있는 한강 유역으로 진출할 수가 없었다. 이에 소백산맥 연화봉과 도솔봉 사이의 낮은 지형을 찾아내고 군사 목적으로 죽령 고갯길을 개척했다. 죽령이 개통됨으로써 경상북도 영주와 충청북도 단양이 하룻길로 이어졌다.

신라는 죽령이 지리적으로 군사적 요충지임을 백제가 단양 지역을 차지하고 있던 수백 년 전부터 알고 있었다. 훗날 고구려가 백제를 몰아내고 한강 유역을 차지하자, 이 곳은 신라와 국경을 이루는 군사적 요충지가 되었다. 따라서 죽령은 한강 유역으로 진출하려는 신라와 한강 유역을 지키려는 고구려 간의 영토 분쟁이 가장 치열한 장소가 되었다.

1000여 년 동안 하늘재를 넘은 숱한 인물들이 있지만 통일신라의 마지막 임금 경순왕의 맏아들 마의태자만큼 기구한 사연을 갖고 넘지는 않았을 것이다. 1000년 전 선조들이 삼국 통일의 위업을 달성하기 위해 넘나들던 하늘재를 마의태자는 불행히도 신라 천년 망국의 한을 안고 넘은 인물이다. 그리고 하늘재 아래 중원 미륵사지에 머물며 나라 잃은 슬픔을 달래며 기도를 드렸다고 한다. 또 월악산에는 그의 누이동생이 새겼다는 마애불이 마의태자가 머물던 미륵사지를 내려다보고 있다.

망국의 한을
안고 넘은 하늘재,
마의태자

고구려가 약해진 틈을 타 신라 진흥왕 12년(서기 551년)에 거칠부 등 여덟 장수가 군사를 이끌고 백제와 연합해 고구려가 차지하고 있던 죽령 이북 열 고을을 탈취해 신라 영토로 만들었다. 고구려 땅에 살고 있던 백성들의 민심을 안정시키기 위해 '비'를 세웠는데, 그것이 '단양 적성비'이다. 이 비는 죽령 이북 지역이 신라 영토라는 사실을 세상에 알렸다.

온달 장군은 고구려 영양왕 1년(서기 590년)에 잃어버린 한강 유역을 다시 되찾겠다며 군사를 이끌고 남하했다. "죽령 이북의 잃은 땅을 회복하지 못하면 돌아오지 않겠다."고 다짐하였으나 끝내 신라군에게 패해 장렬히 전사하였다. 그때부터 신라는 한강 유역을 차지하게 되어 삼국 통일의 터전을 이룩하게 되었다.

죽령은 초기에는 군사적 도로로 개척되었으나 후에는 문경새재, 추풍령과 더불어 영남권과 기호 지방을 연결하는 영남 3대 관문으로, 경북 영주와 충북 단양을 잇는 고개로 명성을 떨쳤다. 영주·안동·예천·봉화 등 경북 동북부 지역에 살던 백성들과 관원, 청운의 꿈을 안고 과거를 보기 위해 상경하던 선비들, 보부상 등이 주로 이용했다. 고개가 험준하고 마을과 떨어져 있어 나그네의 괴나리봇짐과 보부상들의 짐을 노리던 산적 떼가 들끓던 곳이라 고갯길 초입에는 주막들이 늘어서 사시사철 번잡했다.

추풍령　충청북도 영동군 추풍령면과 경상북도 김천시 봉산면 경계에 있는 고개다. 높이 221m, 백두대간에 있으며, 주위에 묘함산(卯含山, 733m)·눌의산(訥誼山, 743m)·학무산(鶴舞山, 678m) 등이 솟아 있다. 예로부터 조령·추풍령·죽령 등을 통하여 백두대간을 넘었는데, 이 가운데 대표적 관문은 조령이었다. 그러나 1905년 추풍령에 경부선이 부설되면서 영남 지방과 중부 지방을 넘나드는 관문 역할을 하고 있다. 이 일대는 높고 험한 장년기 산맥으로 이어지고, 조령에서 추풍령까지는 낮고 평탄해지다가 다시 높아지는 지형적 특색 때문에 교통의 요지뿐만 아니라 임진왜란 때는 군사적 요충지로도 이용되었다.

금강의 지류인 추풍령천이 서쪽 사면에서 발원하여 계곡을 이루고 황간면으로 이어지며, 낙동강의 지류인 감천이 남쪽 사면에서 발원한다. 경부고속도로와 경부선·대전~김천을 잇는 국도가 이 계곡을 통과한다.

이화령
오늘날 이화령 아래로는 터널과 고속도로가 뚫려 있다.

여럿이 어울려 넘는 고개
'이우릿재'

이화령은 경상북도 문경시 문경읍과 충청북도 괴산군 연풍면 사이에 있는 고개이다. 이화령의 북동쪽에는 문경새재도립공원과 월악산국립공원이 있으며, 남서쪽에는 속리산국립공원이 있다. 이처럼 이화령은 충청북도의 충주권과 경상북도 북부의 문경 지역을 연결하는 교통의 요지이다.

조선 시대부터 문경 지방에는 "새재로 갈까, 이우리로 갈까" 하는 노랫말이 있는 걸 보면 이는 길이 험하고 산짐승의 피해가 두려워 여럿이 함께 '어울려 넘는 고개'라는 뜻으로 불렸던 것 같다. 그러나 이우릿재의 정확한 어원은 『신증동국여지승람』에 '이화현(伊火峴)'으로 나온다. 조선 시대 고지도같은 문헌에도 모두 '이화현'으로 기록되다가 일제강점기 때에 신작로를 내면서 일본식 지명 '이화령(梨花嶺)'으로 불리며 오늘에 이르고 있다.

오늘날 일제가 끊어 놓은 이 이화령 옛 고개를 다시 복원하였다. 과거에는 이화령의 북쪽에 있는 조령이 중부 지방과 영남 지방을 연결하는 교통로로 이용되었으나 이화령보다 산세가 험준하기 때문에 이화령을 따라 국도 3호선이 개통되었다.

조선 최고의 옛길 '문경새재'

'문경새재'는 조선의 옛길을 대표하는 관도로, 영남 지방과 기호 지방을 잇는 영남대로에서 가장 중요한 대로(大路)이다.

한양으로 도읍을 옮긴 조선 왕조는 영남대로를 따라 형성된 풍부한 물적·인적 자원의 중요성을 잘 알고 있었다. 당시 전국 10대 도시의 절반 이상이 영남대로변에 분포했으며, 우수한 인재를 배출한 고장이 많았기에 조정에서는 행정적으로 큰 비중을 두고 있었다.

태종 14년(1414년), 오늘날 문경새재 계곡을 따라 문경새재 제3관 조령관이 있는 650m의 고갯마루를 개척해 문경에서 괴산, 연풍을 잇는 새로운 영남대로가 탄생되었다.

이렇게 문경새재가 개통됨으로써 동래에서 한양까지 죽령 15일, 추풍령 16일, 문경새재는 14일로 하루에서 이틀이 빨라졌다. 이때부터 문경새재는 조선 600년을 대표하는 명실상부한 영남대로의 관도로서 그 역할을 다하게 된다.

그러나 일제강점기 때 문경새재보다 산이 낮고 산로가 비교적 평탄한 이화령에 자동차가 다닐 수 있는 신작로가 개통되었다. 그리하여 인적이 끊긴 문경새재는 600년간 오갔던 수많은 사람들의 발자국을 고스란히 묻

문경새재의 유래

문경새재를 한자어로 '조령(鳥嶺)'이라고 하는데, 이는 '새들도 쉬어 넘는 힘든 고개'라는 뜻이다. 이 유래는 650m의 가장 높은 곳에 길을 뚫어 새 길을 낸 것과도 연관이 있다. 또 억새풀이 많아 그걸 헤치고 길을 냈다고 해서 '새'라는 말이 부여되었다 한다. 한편, '새로운 길을 냈다.'는 뜻에서 '새'라는 뜻이 사용되었다고도 전한다. 이우릿재(이화령)와 하늘재 사이에 문경새재가 있는데, 두 고갯길의 '사이 고개'가 '새재'여서 '새재'라는 말이 '사이'라는 말로 쓰였을 것으로 보기도 한다.

어 둔 채 조선의 옛길로 남아 오늘에 이르고 있다.

조선의 실크로드 문경새재

문경에서도 새재는 큰 길이었고, 이우릿재와 하늘재는 작은 길이었다. 문경새재는 영남 지역에서 과거길에 나서는 선비들이 주로 이용한 길이다. 영남 지방의 선비들은 반드시 문경새재를 넘었다고 한다. 문경새재는 과거 길로 넘나들던 선비들에게 금의환향하는 축복된 고개인 동시에 낙방자들 이 한숨과 눈물을 뿌리며 걸었던 한스러운 길이기도 했다. 『영조실록』에는 "백의조령(白衣鳥嶺)을 넘는 것을 예로부터 부끄럽게 여기고 있다."는 기록 이 전한다. 백의를 입은 수많은 선비들이 낙방하며 문경새재를 넘는 것을 풍자한 말이다.

한편, 행세깨나 하는 양반이나 벼슬아치가 주로 새재를 선택하다 보니 민중들의 왕래가 자유롭지 못했다. 보부상과 같은 장사꾼들은 문경새재의 편안한 길을 버리고 이화령 소로나 하늘재 같은 폐쇄된 길을 선택하기도 했다고 한다. 길은 험하고 위험해도 눈엣가시 같은 양반들과 마주치지 않 아 마음만은 편했던 까닭이다. 좁은 길에서조차 마주치면 머리를 굽혀 양 반들에게 길을 내줘야 했던 민중들의 서러운 마음이 새재에 녹아 있기도 하다.

문경새재는 과거길 외에도 찬란한 조선의 문화가 이 길을 따라 동래까 지 전파되었으며, 나라가 어지러울 때는 각지에서 일어난 의병들이 넘나들 던 '의로운 고개'이기도 하다. 또 지방 유림들이 조정의 정책에 반대하며 상소하러 가는 '상소길'이기도 했으며, 일본에 우수한 문화를 전해 준 '통 신사의 길'이기도 했다. 임진왜란 당시 왜군의 진격을 막지 못한 '통한의 길'이기도 했던 문경새재는 조선 600년간 영남과 한양을 이어 주던 조선 최고의 실크로드였다.

상소길

『사빈서원지』에 안동 유생들의 상소길 노정이 기록되어 있다.

숙종 43년 1717년 12월 3일
암행어사가 안동 지방의 '사빈서원'이 서원을 사사로이
운영한다고 조정에 보고하여, 서원 철거 명령이 내려지다.

숙종 43년 1717년 12월 9일
서원의 임원 20여 명이 모여 대책을 논의하고,
조종에 상소문을 올리기로 결정하다.

숙종 43년 1717년 12월 20일~26일
상소 제출에 도움을 받고자
고위 관료들을 만나러 다니다.

숙종 43년 1717년 12월 19일
오후에 한양 반촌에 입성하다.

숙종 43년 1717년 12월 27일
돈화문 앞에서 연좌농성을 시도하다.
청나라 사신 방문으로 상소문 전달에 실패하다.

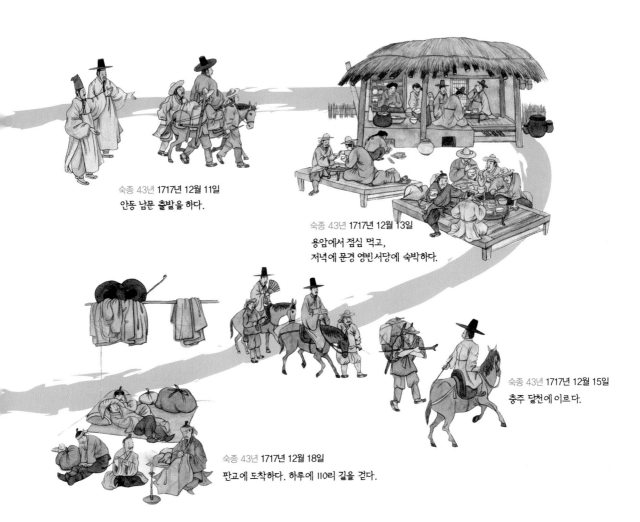

숙종 43년 1717년 12월 11일
안동 남문 출발을 하다.

숙종 43년 1717년 12월 13일

용암에서 점심 먹고,
저녁에 문경 영빈서당에 숙박하다.

숙종 43년 1717년 12월 15일
충주 달천에 이르다.

숙종 43년 1717년 12월 18일
판교에 도착하다. 하루에 110리 길을 걷다.

숙종 44년 1718년 2월 6일

비변사 회의에서 "서원 철거하는 일에
조정이 개입해서는 안 된다."는 해석을 받아내다.

숙종 44년 1718년 2월 13일

2월 7일, 고향으로 출발하여,
2월 13일, 귀향보고를 하다.

천혜의 관방 시설이 자리한 문경새재

문경새재에는 관문이 세 개나 세워져 있다. 그것은 제1관문 주흘관, 제2관문 조곡관, 제3관문 조령관이다. 이들은 산세의 지형을 이용해 돌로 튼튼하게 쌓은 석성이다. 튼튼하고 견고하게 쌓은 이 관방 시설들은 임진왜란 당시 왜군이 조총 한번 쏘지 않고 조선의 국력을 조롱하며 지나간 그 길목에 훗날 웅장한 모습으로 세워졌다.

임진왜란 당시 고니시 유끼나가가 이끄는 왜군 제1번대는 부산에 상륙해 가볍게 부산진성 전투, 동래성 전투에서 승리를 취한 다음 파죽지세로 밀양, 상주를 점령했다. 1592년 4월 27일, 왜군의 주력 부대는 상주를 떠나 오후에 함창을 거쳐 문경에 도착했다. 신길원 현감은 동헌에 있는 수십 명의 병사로 대군을 맞아 싸운다는 것은 사실상 불가능한 일임을 직감했다. 하지만 신 현감은 죽기를 작정하고 칼을 들고 끝까지 저항하다 오른팔이 잘리는 부상을 입는다. 결국 포로가 된 현감은 관인을 달라는 유끼나가의 청을 강력히 거절하였고, 곧 왜적들은 달려들어 현감을 시해하고는 관인을 빼앗았다.

다음 날 새벽 4시, 문경을 떠나 문경새재 초입에 당도했다. 산세를 보니 생각한 대로 매우 험하고 계곡이 깊어 난공불락처럼 여겨졌다. 이 곳을 조선 병사들이 철통같이 지키고 있다면 한양 진격은 쉽지 않을 것 같았다. 결국 경주에서 북상해 오는 카토오 키요마시의 군대를 이 곳에서 기다렸다가 합류해 문경새재를 넘기로 작전을 세웠다. 그만큼 왜병이 생각해도 문경새재는 군사적으로 중요한 지점이었다.

유끼나가는 척후병을 보냈다. 척후병의 보고는 한결같이 조선 병사를 발견하지 못했다는 것이었다. 여러 번 척후병을 보냈지만 역시 조선 병사는 어디에도 눈에 띄지 않았고 고요한 적막만이 감돌았다.

한편, 신립 장군은 산이 험하고 계곡이 좁은 조령에 진을 치려고 척후병을 보냈다. 이미 왜병이 문경새재 초입에 진을 치고 있다는 소식을 듣고는

숙종 32년(1706년)에 세워진 신길원 현감 충렬비 ⓒ 김규천

작전을 변경하여 충주 탄금대에 8000의 병사로 배수진을 치고 결전을 기다렸다. 조선군과의 치열한 전투를 예상하고 만반의 준비를 취했던 왜병들은 조선의 국방력을 조롱하며 문경새재를 가볍게 넘어 충주로 향했다. 충주 탄금대에서 진을 치고 있던 신립 장군은 왜병과 맞서 싸웠다. 그러나 모든 병사는 장렬히 전사하고 만다. 신립 장군이 패했다는 소식을 전해 들은 선조는 전전긍긍하다가 왜군이 여주까지 왔다는 소식을 듣고는 비가 내리는 새벽, 백성들을 뒤로 하고 몰래 경복궁을 빠져 나갔다. 이번에도 텅 빈 한양을 접수한 왜병들은 성난 백성들에 의해 경복궁이 불타는 것을 바라보며 약탈을 서슴지 않았다. 훗날 선조는 경복궁을 버리고 피난을 떠난 조선 최초의 임금이란 불명예를 얻었지만 나라를 위기에서 구한 임금으로서 나라를 세운 것만큼 공이 있다 하여 '선조'라는 이름을 얻게 된다.

그 뒤 조정에서는 왜병을 막지 못한 것을 크게 후회해 대대적으로 조령에 관문을 설치할 것을 꾸준히 논의하였다. 문경새재에 관방 시설을 세운 결정적 계기는 임진왜란 이듬해인 선조 27년 2월, 유성룡의 건의에 의해서다. 유성룡은 고향 안동을 오갈 때 문경새재를 자주 넘나들면서 지형지세를 잘 알고 있는 사람 중의 한 사람이었다.

유성룡의 건의에 따라 문경새재 관방 시설의 설치는 신충원에 의해 선조 27년에 완성되었다. 그리고 병자호란 이후 왕들은 문경새재의 관방 시설에 대해 중축의 필요성을 감지하고는 숙종 34년(1708년)에 이르러서야 3개의 관문을 완성했다.

우리 옛 속담에 "소 잃고 외양간 고친다."는 말이 있다. 하지만 실패를 '반면교사'로 삼아 문경새재는 오랜 동안 군사 요충지로서 그 역할을 다하였다. 늘 병사들이 지키고 있고 오가는 길손이 많은 문경새재에는 도적 떼가 없었다. 그래서 안전한 문경새재를 넘나드는 길손들이 더 늘어났고, 영남대로의 관문 역할을 충실히 수행하였다.

069 동국신속삼강행실도
신길원 문경 현감의 항전 모습이 그려져 있다. ⓒ 서울대학교 규장각

제1관문(주흘관)의 옛 모습(1900년대 초반)

제1관문(주흘관)의 오늘. 옛 모습 그대로 온전한 관문이다.

제2관문(조곡관)의 옛 모습(1900년대 초반)

제2관문(조곡관)의 오늘. 가장 먼저 축성된 관문이다.

제3관문(조령관)의 옛 모습(1900년대 초반)

제3관문(조령관)의 오늘. 3관문은 북쪽을 향해 문이 나 있다.

한국의 차마고도 '토끼비리'

과거길 선비도, 보부상도, 관찰사도, 조선통신사도 모두 겁을 내며 걸었던 길이 '토끼비리'이다. '비리'란, 강이나 바닷가의 위험한 낭떠러지를 말하는 '벼루의 사투리'이다. 이 길의 이름은 927년(고려 태조 10년) 왕건이 남쪽으로 진군할 때 이 곳에 이르러 길이 없어졌는데, 마침 토끼가 벼랑을 따라 달아나는 것을 보고 따라가 길을 내게 되었다 하여 '토천(兔遷)'이라 부른 데서 유래한다. 문경 가은에서 내려오는 영강(穎江)이 문경새재에서 내려오는 조령천과 합류되는 곳에서부터 산간 협곡을 S 자 모양으로 돌아 흐르면서 생성된 벼랑에 난, 길이 약 3㎞ 정도의 천도(遷道)이다.

문경 마성면의 석현성(石峴城) 진남문(鎭南門) 아래 성벽을 따라가다 보면 이 길을 만날 수 있는데, 겨우 한 사람이 지나갈 수 있을 만큼 좁고 험하다. '관갑천잔도(串岬遷棧道 : 관갑의 사다리길)'라고도 하는 이 길은 조선 시대 주요 도로 중 하나였던 영남대로 옛길 중 가장 험난한 길로 알려져 있다.

토끼비리는 문경새재를 넘어오거나 넘어가는 길손들이 가장 힘들어하며 걷던 옛길이다. 수직 70도 경사의 산허리에 겨우 사람 하나 지나갈 정도로 길이 나 있다. 과거에 합격한 유생도, 부임하는 관리도 모두 이 길을 걸으며 숨죽였을 것 같은 위태로운 길이다. 조선 초기의 문신 어변갑이 지은 시 '관갑잔도(串岬棧道)'를 보면 이 길을 지나기가 얼마나 힘들었는지 알 수 있다.

'천도(遷道)'와 '잔도(棧道)'
'천도'는 하천변의 절벽을 파내고 건설한 '벼랑길'을 말하고, '잔도'는 절벽과 절벽 사이에 선반처럼 매어 놓은 '사다리길'을 말한다. 영남대로의 3대 잔도로는 천태산(경남 밀양시 삼랑진~양산시 원동 사이) 작원잔도(鵲院棧道), 양산 황산잔도(黃山棧道), 경북 문경 관갑잔도(串岬棧道)가 유명하다.

관갑잔도串岬棧道

요새는 함곡관(函谷關)처럼 웅장하고	設險函關壯
험한 길 촉도 같이 기이하네	行難蜀道奇
넘어지는 것은 빨리 가기 때문이요	顚隮由欲速
기어가니 늦다고 꾸짖지는 말게나.	踟躕勿言遲

1800여 년 동안 짚신에 닳아
바윗길이 반들반들해진 토끼비리

　임진왜란 당시에도 왜적은 조선군이 이 곳을 단단히 지키고 있을 것으로 생각하고는 여러 차례 정찰병을 보내 알아보았던 곳이다. 조선군이 보이지 않자 안도의 숨을 내쉬며 콧노래를 부르며 지나갔던 그 옛길이다.

　오랜 세월 동안 수많은 사람의 발길에 닳아 반들반들해진 옛길을 따라 걷다 보면 맞은편 마을의 아름다운 경관과 영강 주변의 풍광을 즐길 수 있다. 주변에 삼국 시대에 처음 쌓았다는 '고모산성'과 경북 팔경의 제1경으로 꼽히는 '진남교반'이 있다.

　토끼비리는 2007년 12월 17일, 명승 제31호로 지정되었다.

토끼비리 지금의 문경시 마성면 신현리에 위치하고 있다. 국가지정문화재 명승 제31호로 지정되어 있다.
경사도 70도에 이르는 산기슭에 옛길이 아스라이 보인다.

토끼비리 탁본
1714년에 토끼비리를 보수한 기록이 새겨져 있다.

鳳生川

070 **봉생천**
1744년 권신응의 문경십경
중 하나로, 「모경흥기첩」에
수록되어 있다. 토끼비리로
사람들이 걸어가고 있다.
ⓒ 안동 권씨 화천공파종중

옛길에도 길손들의 안전과 편의를 도모하기 위해 곳곳에 알림판 역할을 하는 표지(標識)들이 있었다. 대개 이런 표지들은 그 길 주변에 얽힌 다양한 이야기를 간직하고 있다. 옛길 표지로서 대표적인 것을 꼽아보면 장승, 돌무더기(積石), 비석, 정자나무 등이 있다. 지금도 여러 지역의 지명에 남아 있는 '오리목', '오리터' 등은 옛길의 표지가 있었던 곳이라고 이해하면 된다.

『조선왕조실록』 등을 살펴보면 도로의 관리와 표지에 대해 조정의 정책이 자주 시행되었음을 엿볼 수 있다. 먼저 태종 14년 10월조에는 "…고제(古制)에 의하여 척(尺)으로써 10리를 재어서 소후(小堠)를 설치하고, 30리에 대후(大堠)를 설치하여 1식(一息)으로 삼으소서."라는 기록이 있다. 또 태종 15년 12월에는 "…매 10리마다 소표(小標)를 두고, 30리마다 대표(大標)를 두되, 혹은 돌로도 쌓고 흙으로도 쌓아 그 편의에 따라 하는 것이 어떻겠습니까?' 하는 기록도 있다. 세종 23년 8월에는 "…새로 만든 보수척(步數尺)으로 이를 측량하여 매 30리마다 하나의 푯말을 세우되, 혹은 토석(土石)으로 모아 놓던가, 혹은 수목을 심어서 표지하게 하소서."라는 기록도 보인다.

오늘날에도 일정한 경계를 이루고 있는 고갯마루나 옛길 주변에서 돌무더기나 장승, 정자나무와 같은 도로 표지를 발견할 수 있다. 영남대로 상 가장 험난한 구간 중 하나였던 토끼비리(串岬遷·兎遷)의 돌고개 성황당은 당집과 함께 동신목, 돌무더기가 함께 자리 잡고 있는 복합 경관을 연출하고 있다. 1797년에 작성된 상량문의 일부를 옮겨 보면 다음과 같다.

돌고개 성황당 전경
토끼비리와 인접한 돌고개에 성황당이 자리하고 있다.

영남의 관방은 서쪽으로 태백이오, 새재의 험준함 남쪽 왜적을 막았도다. 평평한 들판이 마을에 잇닿았고, 이정표(長亭) 사이로 시냇물 감아든다. '돌고개'라 불린 지 오래되었다. 나그네는 나무 아래 쉬어서 가고 언덕에 살던 사람 전설도 많았으리니.

이 상량문에서는 '이정표(長亭)'라는 말이 눈에 들어온다. 장정(長亭)은 행인들을 위한 이정표로서 5리마다 단정(短亭) 혹은 단후(短堠)를, 10리마다 장정을 설치하였다고 한다. 앞서 언급된 소후(小堠)와 대후(大堠), 소표(小標)와 대표(大標)도 같은 맥락으로 이해할 수 있다.

옛길의 이정표와 관련해서는 무엇보다도 장승을 빼놓을 수 없다. 장승은 흔히 민속신앙의 대상으로서 마을의 수호신으로 기능하거나 풍수지리에 있어서 비보(裨補) 역할을 담당해 왔다. 더불어 장승은 이정표로써의 기능이 있었다. 주로 '읍십리(邑十里)', '한양백리(漢陽百里)'라고 적어 남아 있는 이수(里數)를 가늠케 했다.

돌고개 성황당 신상

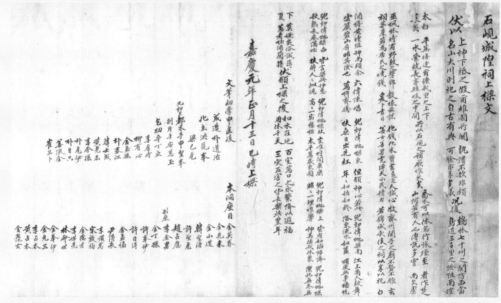

071 돌고개 성황당 상량문
1796년에 건립된 돌고개 성황당의 상량문

옛길따라 사연따라 4

문경새재 주막의 손님은 먼 길을 떠나는 나그네, 공무를 집행하는 관리, 과거 시험을 보러 가거나 돌아오는 유생, 물건을 팔러 다니는 보부상, 임금에게 억울함을 상소하러 가는 양반, 팔도강산을 유람하는 선비, 귀향길에 들어선 사람들까지 다양했다.

조선의 통신 · 교통망, '역(驛)'과 '원(院)'

임진왜란 첫 전황 보고,
5일 만에 한양에 당도하다

오늘날 부산에 외국 군대가 침입하면 최첨단 통신수단인 휴대폰이 있어서 순식간에 전국에 소식이 알려질 것이다. 하지만 조선 시대에는 전쟁과 같은 긴급한 상황일지라도 빨리 알리려면 '봉화'를 피우거나 '파발'을 띄우는 방법밖에 없었다.

1592년(선조 25년) 4월 13일, 조총으로 무장한 일본군 선발대가 부산에 상륙했다. 경상좌수사 박홍은 금정산 봉화를 올린 다음 부산에 왜적이 쳐들어와 전쟁이 일어났음을 알리는 '장계'를 한양으로 올렸다. '장계'는 현장에 있는 장수나 관리가 정확한 상황을 기록해 임금에게 보내는 편지이다.

새까맣게 바다 위를 뒤덮은 군선을 보고는 해적이 아니라 전쟁이 일어났음을 직감하였다. 파발은 5일 만인 17일 아침에 궁궐에 도착했다. 오늘날 같으면 1분도 안 되어 알게 될 전쟁 상황이 400여 년 전에는 5일이나 걸린 것이다. 나라에 전쟁이 일어난 줄도 모르고 태평성대를 누리고 있던

파발(擺撥)

파발은 조선 중기 임진왜란을 겪은 후 선조 30년 한준겸의 건의에 따라 봉수제도의 단점을 보완해서 만든 통신제도이다. 그 후 인조 때 서발 · 북발 · 남발의 3대로를 근간으로 한 파발제가 완성되었다. 파발은 조선 시대 중앙과 지방 간에 이루어지는 공문을 역과 역 사이를 오가며 신속히 전달하는 통신수단이다.

조정은 발칵 뒤집혔다. 그 시각 왜적들은 승승장구하며 5일 만에 문경새재 인근 상주까지 진격했다.

심지어 경상도 지역의 여러 관청들조차 전쟁 상황에 대해 전혀 몰랐다. 부산을 떠난 피난민에 의해 전쟁 소식이 경상도 지역의 관청에 전해졌다. 사태의 심각성을 모르는 관리는 "거짓말을 퍼뜨려 민심을 흉흉하게 한다." 며 보고자를 처형시키는 어처구니없는 일이 발생했다. 가까운 지역에서조차 전쟁이 난 줄도 모르고 있었다. 5일 만에 전쟁 상황이 궁궐로 전달되는 조선 시대 파발에 문제가 있었던 것은 아닐까?

박홍이 보낸 파발이 1020리를 어떻게 5일 만에 달렸는지 420년 전, 황급히 파발꾼이 달려온 길을 되짚어 가보자!

당시 '부산~상주~문경새재~충주(뱃길)~마포나루~경복궁' 간 거리는 1020리였다. 이 거리는 빠른 걸음으로는 10일, 보통 걸음걸이로는 15일 정도 걸렸다. 그런데 어떻게 파발꾼은 말을 타지 않고도 1일 최대 105km를 이동해 5일 만에 한양에 도착할 수 있었을까?

파발꾼은 조선의 존폐가 걸린 화급한 상황을 알리는 장계를 가지고 배도(倍道)로 달렸다. 보통 사람이 이틀 걸리는 길을 하루 이하로 줄이며 달린 것이다. 사실 부산에서부터 한 사람이 한양까지 계속 달린다는 것은 불가능한 일이다. 그래서 파발꾼은 한 명이 아니라 여럿을 이용했다. 다행히 영남대로를 따라 '역참(驛站)', 또는 '역(驛)'이 있었기에 가능했다. 역과 역참은 같은 말인데, 배도로 달린 최초의 파발꾼은 역참에 도착해 다른 파발에게 장계를 전달하는 릴레이 방식으로 5일 만에 부산과 서울을 주파한 것이다.

'보발(步撥)'과 '기발(騎發)'이 주축된 파발제도

조선 시대의 통신수단은 봉수였다. 봉수는 해적이 침입했거나 전쟁 같은 중요한 상황이 생기면 높은 산에 있는 봉수대에 불이나 연기를 피워 한

역 참

오늘날 열차가 서는 곳을 '역(驛)'이라고 하는 것은 역참제도에서 비롯된 것이다. 중국에서는 주유소를 '加油站(가유참)'이라고 한다. 옛날 파발마나 심부름꾼들이 들르던 중간 역을 '역참'이라고 했는데, 거기서 따온 말이다. 가유참은 길을 가다가 기름 넣는 곳이라는 뜻이다.

양까지 알리는 통신수단이다. 전국의 봉수는 남한산성 봉수대로 집결되어 최종적으로 한양 도성이 보이는 남산 봉수대에서 마감했다.

봉화는 빠르긴 하나 비가 오거나 안개가 끼면 중간에 제대로 전달되지 않는 단점이 있다. 금정산 봉수대에서는 왜적 소식을 알리며 봉화를 피웠지만 어찌된 일인지 중간에서 끊기고 말았다. 제일 정확한 것은 느리긴 해도 사람이 전달하는 '파발'이다. 또 그 동안 시행했던 역과 역 사이를 걸어다니며 공문을 전달하는 '우역(郵驛)제도'는 긴급한 상황에서 전달이 느려 역할을 다하지 못했다. 이에 선조 30년(1597년), 명나라와 일본과의 협상이 결렬되자 다시 일본이 14만 대군으로 정유재란을 일으켜 조선을 2차 침입하였다. 이에 기존의 우역제를 폐지하고 역과 역 사이를 말을 타고 전하는 '파발제'를 통신수단으로 삼았다.

조선 시대에는 각 역참과 역참 사이를 다니며 공문을 전달하는 사람을 '파발꾼'이라고 불렀다. 파발에는 걸어서 소식을 알리는 '보발(步撥)'과 말을 타고 알리는 '기발(騎撥)'이 있었다. 파발꾼이 타는 말을 '파발마'라고 하였다.

1597년 한준겸의 건의로 제도화한 파발은 한양~의주를 연결하는 서발, 서울~함경도 아노진 간을 연결하는 북발, 한양~동래를 연결하는 남발이 주축이었다.

『대동지지』에 수록된 파발의 조직망을 보면, 중국과 사신들의 왕래가 많아 비교적 도로가 널찍하고 잘 닦인 서발은 말을 타고 다닐 수가 있어서 기발, 즉 마발이 있었다. 서발은 1050리에 86참을 두었다. 산이 많아 도로 사정이 좋지 않은 북발은 상인들도 당나귀나 노새로 물건을 날랐는데, 그로 인해 기발보다는 병사가 뛰는 보발을 두었다. 북발은 2300리 96참이 있었다. 남발은 920리 길에 보발을 두었다. 남발은 마포나루에서 배를 타고 경기도 광주의 신천참(新川站)에 도착하면 그 곳에서부터 보발로 출발해 충주의 임오참을 거쳐 문경새재를 넘어 동래 초량참까지 갔다.

조선은 역참제도를 이용해 지역의 화급한 사항을 신속하게 조정에 알리고 지방 수령에게 전달하는 비상 교통 통신망을 구축하였다. 국가의 중요한 문서를 받은 역참에 근무하는 역졸들은 다음 역참까지 뛰거나 말 타고 달려 전달하는 릴레이식 전달 방식을 갖췄다.

　　그 후, 조선의 상권을 쥐고 있던 전국의 보부상들도 역참을 본떠 나라가 난국에 처할 때마다 사발통문을 릴레이식으로 전달하였다. 이들은 산과 강을 하루 낮 또는 하룻밤 사이에 달려 배도로 달리는 보발병보다 더 빨리 소식을 전달하게 되었다.

　　배를 타고, 발로 뛰고, 말을 타고 역과 역 사이를 달렸던 파발은 조선 600여 년 역사를 갖고 길에 숱한 흔적을 남겼지만 일제강점기 때 철로와 자동차가 다니는 신작로가 개설됨으로써 역사의 뒤안길로 사라졌다.

072 망우 선생집
임진왜란 때 의병장 곽재우는 유곡찰방을 역임하기도 하였다.

073 유서통
관찰사 등에게 내린 왕의 명령서인
유서를 넣었던 통이다.

074 경상도 문경현 조령산성 절목 성책
조령산성의 운영 사항이 기록되어 있다.
ⓒ 서울대학교 규장각

팔도지도에 나타난 '역'과 '원'

넓은 지역을 다스려야 했던 중국의 진나라와 로마 제국, 몽골 제국은 역참제도를 통해 정복한 나라들을 효과적으로 다스렸다. 교통과 통신망이 전무한 시기에 황제의 어명과 군사 이동을 원활히 하기 위해 중요한 길목마다 군사들이 주둔하는 역을 만들었다.

우리나라도 고려 시대부터 역참제도를 시행했으며, 조선 태종 10년(1410년) '포마기발법'이 제정되면서 체계를 세웠다.

『증보문헌비고』를 보면 조선 시대에는 한양을 중심으로 X 자형 도로망이 펼쳐져 있음을 알 수가 있다. 영남대로, 의주대로, 삼남대로, 관동대로 등의 간선도로가 서울을 중심으로 해서 전국 사방으로 연결되었다. 그리고 각 고을의 명칭 옆에 한양과의 거리가 적혀 있는 '팔도지도'에는 조선의 대로를 따라 많은 역과 원이 그려져 있다. 한양을 중심으로 한 도보 일수가 나와 있으며, 문경새재는 서울에서 4~5일 거리로 표시되어 있다.

역참은 조선 시대에 공무로 지방에 간 관원에게 숙식과 말을 제공하기 위해 세워둔 교통 통신 기관이다. 역은 30리마다 1개씩, 원은 10리마다 1개씩 조성했다. 그리고 원보다 작은 주막과 객주는 거리에 상관없이 유동 인구에 따라 수도 없이 자발적으로 생겼다가 사라졌다.

조선 시대의 역과 원은 파발 등 통신수단 이외에도 사신의 접대 및 환송, 관료들의 숙박, 공물 수송 등의 업무에 사용되었다. 원에서는 상인들이 머물기도 하였다.

조선 시대의 휴게소 '역'과 '원'

조선 시대에는 전국으로 통하는 큰 길의 길목마다 역(驛)이 있었고, 역참에는 역마(驛馬)와 말이 쉬는 마방(馬房), 그리고 관료들을 위한 숙박 시설을 갖추었다. 역에는 마호입역제에 따라 마호와 역리가 있었다. 이들은 역마에 충당할 말을 확보하며 관료가 타고 온 말에게 죽을 먹이거나 새로운 말로 바꿔 탈 수 있도록 역마를 준비해 두었다. 이처럼 역은 지방 출장 중인 관료들이 잠시 쉬어 가거나 숙박할 수 있도록 편의를 제공하였다.

주로 역참은 중앙과 지방 간의 왕명과 공문서를 전달하고, 물자를 운송하며, 사신의 왕래에 따른 영송과 접대 및 숙박의 편의를 제공해 주는 목적에 의해 세웠다. 또 죄인을 체포·압송할 때도 공무를 집행 중이어서 역에 머물렀다.

조선 시대에 중요한 여행 품목 가운데 하나가 방향을 알려 주는 '나침반'과 역·원이 표시되어 있는 '지도'였다. 이들은 이 지도를 들고 하루에 갈 수 있는 거리를 목표로 삼아 다녔다. 하루의 이동량을 잘못 계산하면 민가나 산에서 숙박을 해야 했으므로 여행자들에게 역이 표시되어 있는 지도는 매우 중요했다.

| 현대에도 남아 있는 조선 시대 역과 원의 지명 | 조선 시대 역마를 갈아타는 역이나 원을 딴 마을 지명이 지금까지 전해 내려오는 경우가 많다. |

남발 길목에 있는 양재동은 '말죽거리'라고 불렸는데, 이 일대가 서울 도성을 나와 충청·경상·전라 등 삼남으로 출발하는 지점의 위치였고, 서울 도성으로 들어가는 사람들에게는 말죽거리가 도성 입성에 앞선 마지막 주막이 있던 곳으로 휴게소와 같은 기능을 했다고 한다. 많은 여행자가 여장을 풀기도 하고, 먼 길을 달려온 말에게 죽을 끓여 먹이던 곳이다. 말죽거리로 알려진 양재천이 있는 이 곳을 예전에는 '역말', 한자로는 驛村(역촌)이었는데, 그 주변에 웃방아다리·아랫방아다리 마을이 있었다. 이 세 마을이 합쳐져 '역삼동(驛三洞)'이 되었다.

서발 길목에 해당하는 은평에는 역참이 한 곳 있었는데, 지금의 구파발이다. 구파발은 한양에서 의주를 잇는 길의 한 참 거리인데, 한 참은 대략 25리 정도다. 우리가 흔히 상당한 시간 경과를 두고 "한참 지났다"라고 하는데, 이 '한참'이 바로 여기서 유래했다고 한다.

관리들의 숙박 장소였던 '원'의 지명이 고스란히 남아 있는 곳은 동대문 밖 '보제원', 남대문 밖 '이태원', 서대문 밖 '홍제원', 그 밖에 잘 알려진 퇴계원, 장호원, 조치원, 사리원, 풍수원 등이 모두 원과 관계가 깊은 지명들이다.

마장동은 과거에는 말을 기르던 목장이 있었다. 옛 지명은 '살곶이'로, 그 주변인 현재의 성동구와 동대문구 주변은 말을 먹이기 좋은 풀밭이 많았다. 중랑구 '면목동(面牧洞)'과 인근 '용마산(龍馬山)' 역시 좋은 말(良馬)을 길렀던 데서 유래했다. 용마산(龍馬山)은 '양마산(良馬山)'이었던 것이 훗날 바뀌었다고 하고, 용마산과 인접한 광장동은 너른 마당이란 뜻으로, 말이 여물을 먹던 곳으로 전해진다.

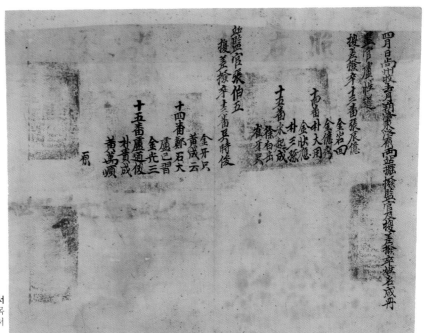

075 낙동 · 낙원 역참 파발문서
유곡역의 속역이었던 상주목
낙동 · 낙원 역참의 파발문서

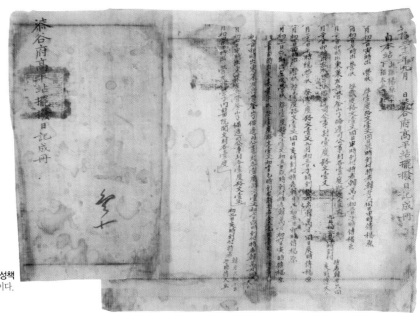

076 고평 역참 파발일기 성책
경상도 고평 역참의 파발 일기이다.

077 유곡록
『유곡록』(1737년)에 유곡 역참의 파발 관련 내용이 보인다.

유곡찰방이 통제영에 첨보하는 초안

겸찰방이 통제영에 보고하는 일입니다.

전부터 통제영과 우병영에 가는 비변사의 시급한 조보가 한꺼번에 왔으므로 본 역에서 봉인을 하고 파발문서를 만들어서 차례차례 밤낮을 가리지 않고 보냈습니다.

이달 초팔일 유시경에는 우병영에 가는 조보만 본역에 왔고, 통제영에 가는 조보는 오지 않았으니, 일이 매우 해괴하여 본역의 위쪽에 있는 견탄과 문경 역참의 파발장 등에게 통영에 가는 조보가 오지 않은 이유를 상세하게 캐어물었더니 저들이 진술한 내용에, "조령 위에 있는 역참에서 보내오지 않았으므로 본역으로 전달할 수가 없었습니다."라고 하였습니다.

이런 사실을 통제영 영문에 급하게 알려야 하는데, 이달 7일에 본 찰방이 역졸을 진휼할 물자를 청하는 일로 순영에 갔다가 미처 돌아오지 못했기 때문에 빨리 보고할 수가 없었습니다. 12일에 본역에 돌아오니 역참을 지키는 구실아치들이 통영에 가는 조보 한 통이 오지 않았다고 보고하므로 놀라움을 이기지 못하여 나중에 참고하기 위하여 그들이 진술한 내용과 전후 사실을 상세하게 첨보하는 바입니다.

－옛길박물관 소장 『유곡록』 중 하나

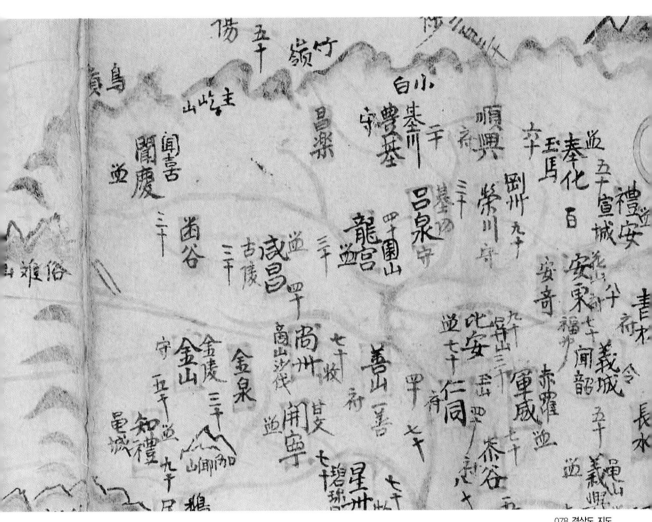

078 경상도 지도

『조선팔도지도』 중 경상도 부분으로, 유곡역·창락역·안기역 등이 보인다.

079 노문

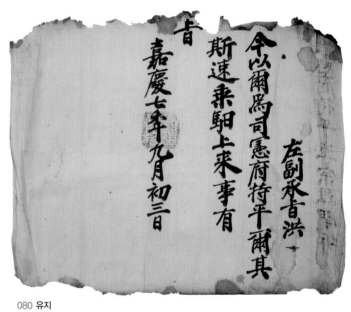

080 유지

노문과 유지
1802년 사헌부 지평으로 임명받은 이종열에게 보낸 노문과 유지

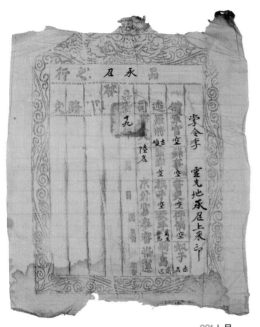

081 노문

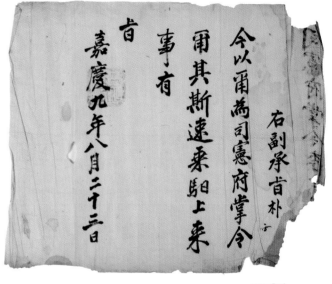

082 유지

노문과 유지
1804년 사헌부 장령으로 임명받은 이종열에게 보낸 노문과 유지

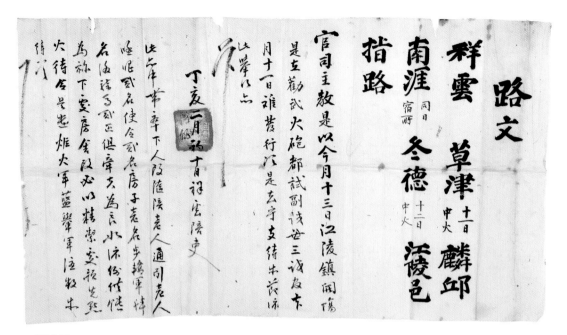

083 노문
강원도 상운역에서 강릉읍으로 향하는 노문

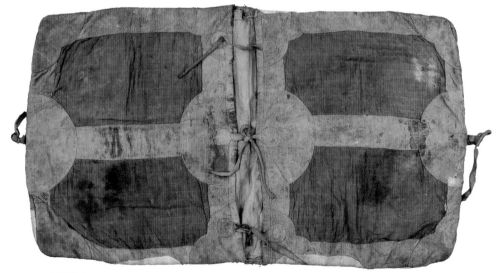

084 행낭
말 등 위에 깔아 승마감을 높이고 양쪽 주머니 안에
서류 등을 보관할 수 있도록 만들었다.

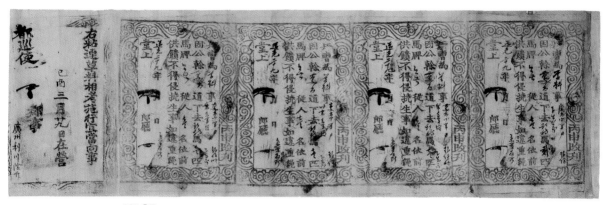

085 초료
벼슬아치들의 출장 명령서

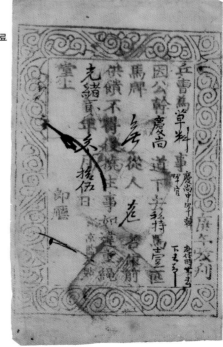

086 초료

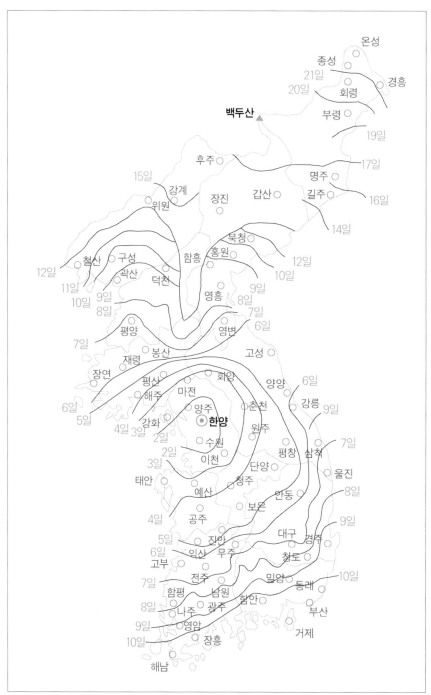

온성
종성
21일
20일
경흥
회령
백두산
부령
19일
후주
17일
명주
15일
강계
장진
갑산
길주
16일
위원
14일
북청
12일
철산
구성
함흥
홍원
10일
곽산
덕천
12일
11일
영흥
9일
10일
9일
8일
8일
7일
평양
영변
6일
7일
고성
재령
봉산
장연
평산
화양
6일
해주
마전
양양
강릉
9일
6일
강화
양주
춘천
5일
한양
원주
4일 3일
2일
수원
7일
2일
평창
삼척
3일
이천
단양
울진
태안
청주
8일
예산
안동
보은
9일
4일
공주
대구
5일
진안
경주
6일
익산
무주
청도
고부
10일
전주
밀양
7일
함평
남원
함안
동래
8일
나주
광주
부산
9일
영암
거제
10일
장흥

해남

조선 시대 한양을 중심으로 한
도보 일수

영남대로의 허브 '유곡역'

영남대로가 통과한 지역은 조선 시대에 가장 인구가 조밀하고 산물이 풍부하여 경제적으로 중시되던 곳이었다.

문경의 유곡역은 조선 시대 간선도로 가운데 제4로와 제5로가 경유하는 곳으로, 영남 지역에서 서울을 잇는 주요 교통의 요충지였다. 대로(大路)는 물론 감영(監營)과 통제영(統制營), 좌수영(左水營)에 이르는 길들이 모두 유곡역을 통과하였다. 그러다 보니 영남대로의 허브인 유곡역은 늘 중앙의 관료들과 한양으로 올라가는 관료를 비롯해 상인, 선비, 과거시험을 보러 가는 유생 등등 많은 사람들로 인산인해를 이루었다. 문광공 홍귀달은 일찍이 유곡역을 사람 목구멍에 비유하여 말했다. 모든 음식물이 넘어가는 목구멍에 병이 나면 음식을 통과시킬 수 없고, 음식이 통과하지 못하면 목숨을 부지할 수 없는 것처럼 유곡역은 그와 같은 역할을 하는 곳이라고 했다.

유곡역의 관할 범위는 '문경-함창-상주-선산' 방면으로 이어지는 역로와 '문경-용궁-비안-군위' 방면으로 이어지는 역로를 관장하였다.

유곡동은 아골(衙洞), 마본(馬本), 주막(酒幕), 새마(新理), 한절골(大寺洞) 등 다섯 개의 마을로 이루어져 있다. 아골은 유곡의 중심을 이루던 곳으로, 유곡 서쪽의 재악산에서 뻗어 내린 작은 구릉지 위에 자리 잡고 있다. 마을 이름이 '아골'인 것은 옛날 이 곳에 관아가 있었기 때문이다.

유곡역은 '역호(驛戶)' 또는 '마호(馬戶)'를 편성하여 역마를 준비하여 대비시키는 일도 맡아하였다. 죄인을 체포 · 압송하거나 통행인을 규찰하고, 유사시에는 국방의 한 부분을 담당하기도 했다.

조선 후기 『영남역지(嶺南驛誌, 1871년)』에 유곡역에는 급주(急走) 등의 역인(驛人) 7명과 상등마(上等馬) 2필, 중등마(中等馬) 5필, (下等馬) 5필이 있었다고 기록되어 있어 그 규모를 짐작할 수 있다.

역에서는 3년마다 마적(馬籍)을 만들어 본역 등에 비치하여 두고 매월 보름에 역마의 상태를 점검했는데, 이 문건은 유곡도의 마안으로 본역 및 속역의 역마에 대한 일종의 신상명세서라 할 수 있다. 역마의 사육 관리를 담당했던 사람의 이름과 역마의 나이, 빛깔, 장비 등 특징이 상세히 기재되어 있다. 조선 시대에 역의 중요성이 얼마나 강조되었는지 알 수 있는 대목이다.

소재지	세종실록지리지	경국대전	유곡역지	현 소재지
문경(聞慶)	유곡	유곡	유곡	문경시 유곡동
〃	요성	요성	요성	문경시 문경읍 요성리
개령(開寧)	덕통	덕통(咸昌)	덕통	상주시 함창읍 덕통리
상주(尙州)	낙양	낙양	낙양	상주시 낙양동
〃	낙동	낙동	낙동	의성군 단밀면 낙정리
	낙원	낙원	낙원	상주시 낙상동
〃	낙서	낙서	낙서	상주시 내서면 낙서리
〃	장림	장림	장림	상주시 화서면 율림리
〃	청리신역			상주시 청리면
〃	공성신역			상주시 공성면
〃	상평	낙평	낙평	상주시 내서면 청하리
선산(善山)	구미	구미	구미	구미시 선산읍 화조리
〃	영향	연향	연향	구미시 해평면 산양리
〃	안곡	안곡	안곡	구미시 무을면 안곡리
〃	상림	상림	상림	구미시 장천면 상림리
비안(比安)	쌍계	쌍계	쌍계	의성군 비안면 쌍계리
	안계	안계	안계	의성군 안계면
예천(醴泉)	수산	수산	수산	예천군 풍양면 고산리
용궁(龍宮)	용궁신역	대은	대은	예천군 용궁면 대은리
〃	지보	지보	지보	예천군 지보면
군위(軍威)	소계	소계	소계	군위군 효령면 화계리

유곡역과
18개 속역

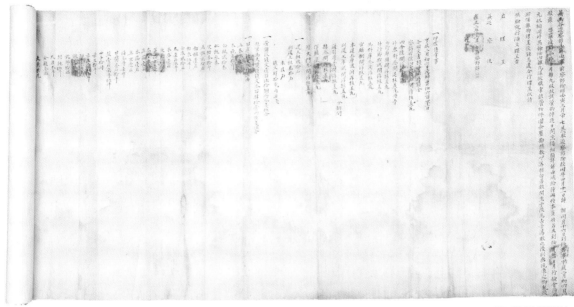

087 유곡역 해유문서
유곡역 찰방이 교체될 때 인수인계 사항을 기록한 해유문서 ⓒ 국립민속박물관

088 『통감절요』에 찍혀 있는 유곡찰방 관인
유곡역에 소장되어 있던 것으로 보이는 책에
유곡찰방의 관인이 보인다.

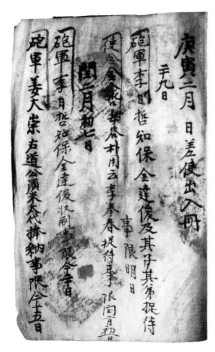

089 유곡역 고문서
유형문화재 제304호로 지정되어 있는
유곡역 고문서 중 차사출입책 ⓒ 개인 소장

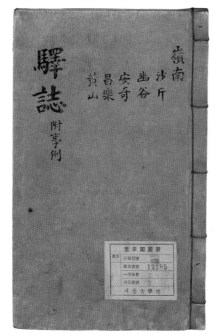

090 영남역지
『영남역지』(1894)에 유곡역지와
사근·안기·창락·황산역지가 수록되어 있다.
ⓒ 서울대학교 규장각

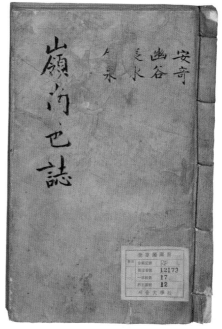

091 영남읍지
『영남읍지』(1871)에 유곡역지와
안기·장수·김천역지가 수록되어 있다.
ⓒ 서울대학교 규장각

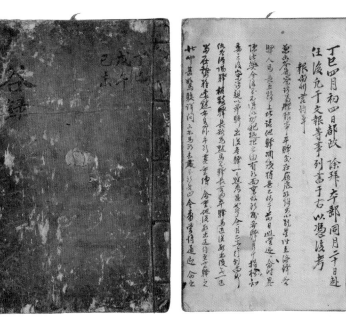

092 고사신서
유곡역을 경유하는
중로의 노정이 기록되어 있다.

093 유곡록
1737년에서 1739년까지 유곡찰방을 역임한
조윤주가 감영, 통제영, 비변사 등에 올린
문서를 모아 놓은 책이다.

유물로 보는 역참제도

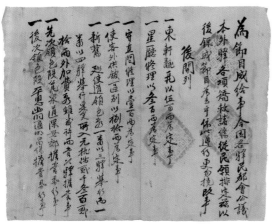

094 도심역 절목
창락도 소속 봉화 도심역의 결정 사항인 조목을 적어 놓은 문서

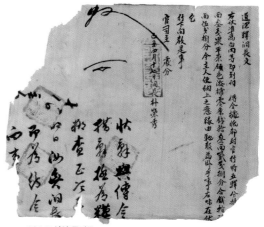

095 도심역 동장문
도심역의 동장이 다섯 역참에 분배한 비용을 상납할 것을 보고한 문서

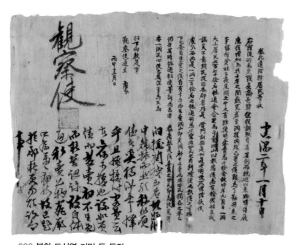

096 봉화 도심역 거민 등 등장
도심역의 역민들이 해마다 바치는 공물의 부채 부담을 경감시켜 줄 것을
관찰사에게 올린 등장

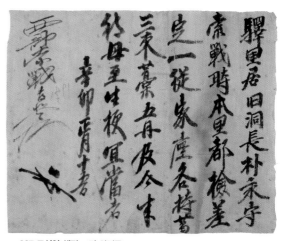

097 도심역 색전 도검 차정문
줄다리기 할 때 마을의 도검을 차정하여 각 집의 규모에 따라 재료를
납부하도록 조처한 문서

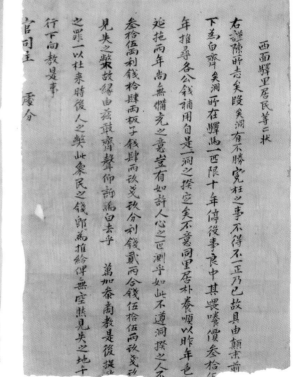

098 도심 역민 등장
역마를 길러 공용으로 바치는 입마역을
그쳐 줄 것을 호소하는 소지

099 서면 역리 거민 등 등장
도심역이 있는 서면 역리에 거주하는
역민들이 관청에 호소하는 진정서

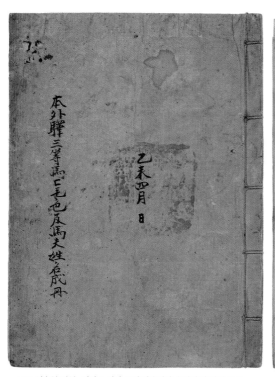

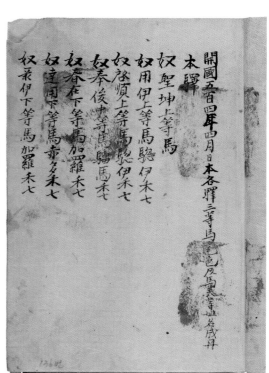

100 **장수역 마안** 경상도 신령 소재 장수역과 속역의 말 관리 대장

101 황산도 찰방 완문
황산도 찰방이 발급한 증명서로, 수안(水安) 소속 역민 자손들이
재산 분배와 관련하여 서로 침범하지 못하도록 발급한 완문이다.

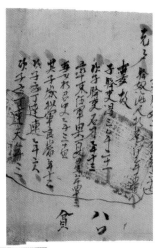

102 이원현의 호구문서 함경도 이원현 역촌의 호구문서이다.

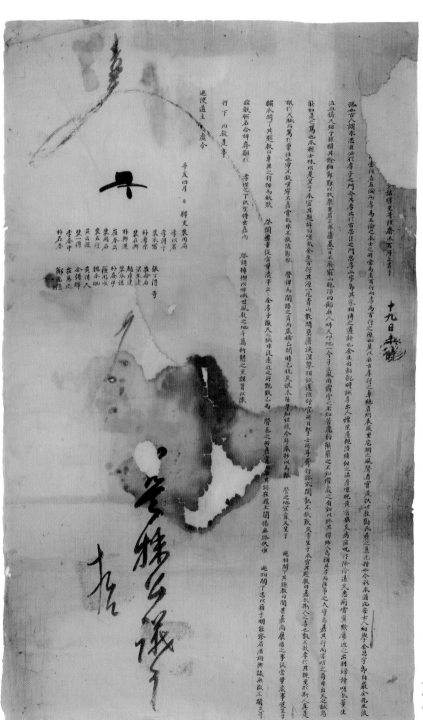

103 **역리 상소문**
역리들이 비안현 선비를 표창하자고
순찰사에게 올린 글이다.

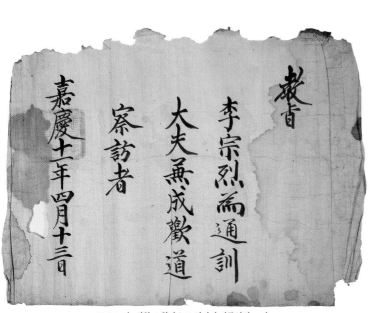

104 **교지** 성환도 찰방으로 임명된 이종열의 교지

105 **사마방목**
역리 김상추가 생원시에 합격한 기록이 보인다.

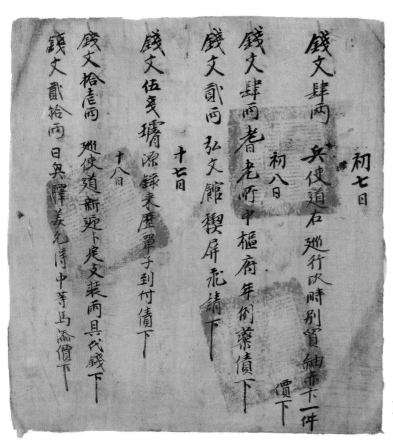

錢文肆兩　兵使道右巡行次時別貿紬亦卜一件價下　初七日

錢文肆兩　老吓中樞府年例藥債下　初八日

錢文貳兩　弘文館饗屏花請下

錢文伍戔瓊源錄來歷單子到付債下　十七日

錢文拾壹兩　巡使道新迎下定文裝兩具代錢下　十八日

錢文貳拾兩　日奧驛姜名淸中等馬添價下

106 역가마 첨가문서
역참에서의 말값 지출 현황을 보여 주는 문서

107 자여관 중기
경상도 창원 자여역의 각 아전 창고별로 수입과
지출 등 재정에 관한 내용을 기록한 것으로,
당시의 찰방은 김종호였다.

108 자여관 잡록
자여역의 제반 업무를 기록한 잡록으로서
비치 물품, 지출, 영문 및 서울 왕래 기록이 보인다.

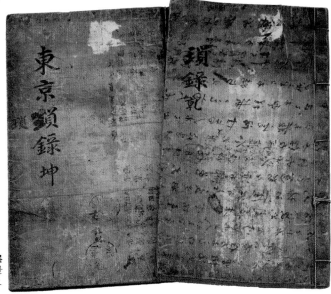

109 동경쇄록
1839년 자여도 찰방이 기록한
다양한 야사, 일화 등이 담겨 있다.

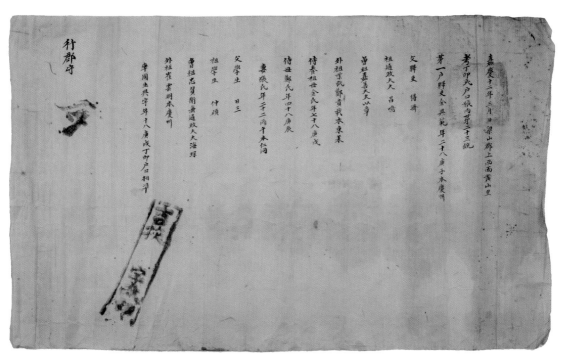

110 **김흥범의 호구단자** 황산도 역리 김흥범의 호구단자

111 **김흥범의 차첩문서** 황산역 역리 김흥범이 여러 보직에 임명된 차첩

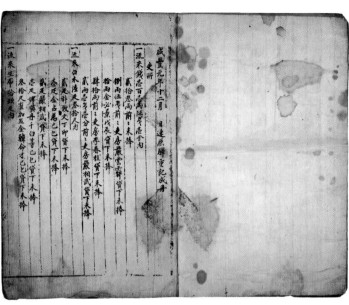

112 연원역 중기
충청도 연원역의 인수인계 문서

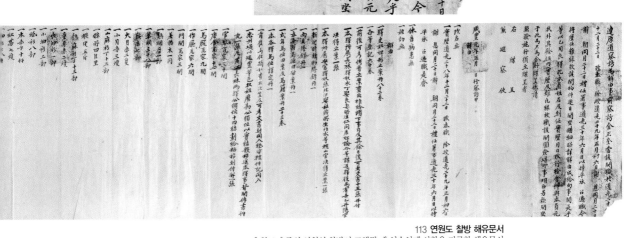

連原道察訪爲解由事前察訪金正奎當該闕職於道光二...
十二日政本職除授道光二十九年正月初六日謝恩同月二十...
辭朝同月二十二日禮任署事道光三十年六月日以持平狀呈遞職今
將歷任雜綠故該闕物件逐日開坐備細昭詳解由成給向事闕是乎
等以乙用良得此本員姓名及到任實歷月日改行檢會得與本員元
狀外其餘任內實歷及難凡綠故職該闕圓食雄師事明白乙旀闕坐
于此爲尺爲合秩牒呈伏請
照驗施行須至牒呈者
　右　牒呈
　　　熊巡察使

113 연원도 찰방 해유문서

충청도 충주의 연원역 찰방이 교체될 때 인수인계 사항을 기록한 해유문서

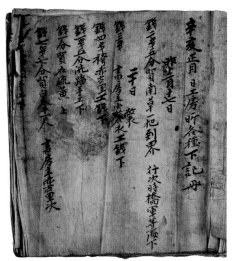

114 공방소 각종 하기
연원역 공방소의 여러 가지를 기록한 문서

115 충주 복호전 출래 구별책 연원역 복호전 문서

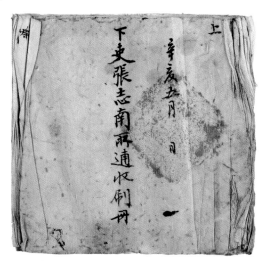

116 하리 장지남 소통수쇄책 연원역 세금 징수 문서

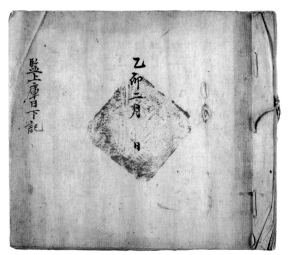

117 감상고 일하기 연원역 창고 관련 문서

118 연원충주경내 사역 위토급각참 역명 성책
연원역 역토 문서

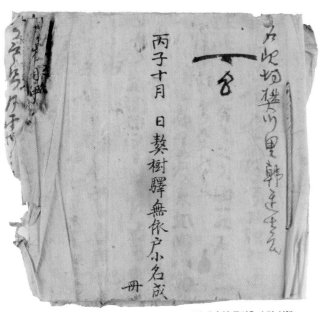

119 오수역 무의호 소명 성책
오수역 관련 문서

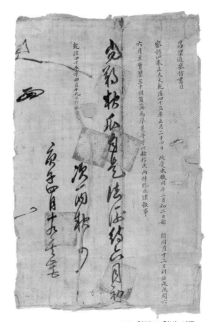

120 창락도 찰방 서목
창락도 찰방이 상급 관청에 올린 글에 첨부한 문서

121 오수도 찰방 해유문서
1627년, 전라도 오수역 찰방이 교체될 때
인수인계 사항을 기록한 해유문서

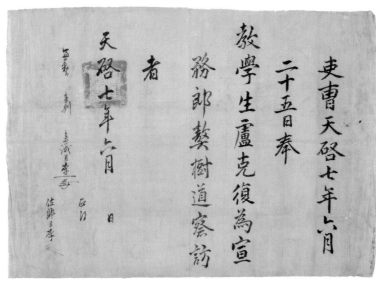

122 오수도 찰방 교첩
1627년, 오수역 찰방으로
노극복을 임명한 교첩

조선 시대 주막과 객주

조선 후기에 원이 쇠퇴하자 대신 주막이 활성화되었다. 사람이 많이 오고가는 갈림길과 고갯길, 나루터마다 주막이 들어섰고 더 고급스러운 객주도 등장하였다.

주막은 '여점(旅店)', '점막(店幕)', '탄막(炭幕)', '주사(酒肆)', '주가(主家)', '주포(酒鋪)'라고도 한다. 신라 때 김유신이 드나들었던 경주 천관(天官)의 술집이 효시라고도 하나 고려 숙종 때 주막이 생겼다는 말도 있다.

주막은 대개 한두 개의 방과 술청으로 이루어진 작은 건물이었다. 구조를 살펴보면, 마당에는 평상이 있어 손님을 받을 수 있고, 방에서는 숙식을 할 수 있었다. 특이한 것은 술청이 방이나 혹은 마루와 붙어 있어서 주모가 그 곳에 앉아서도 술이나 국을 뜰 수 있었다.

주막의 특징은 음식과 숙소를 함께 제공하지만 음식을 사 먹으면 숙박료를 받지 않았다. 주막에는 '봉놋방'이라는 한두 칸의 온돌방이 있었는데, 그 곳에서 여러 명이 투숙했다. 오는 순서에 따라 아랫목·윗목·마루를

차지했으나 지위와 권세가 낮으면 순서와 상관없이 구석이나 마루로 밀려
나야 했다.

객주는 '객상주인(客商主人)'의 줄임말로, 조선 후기에 다른 지역에서 온
상인들의 물건을 팔아주거나 매매를 주선하는 대가로 수수료를 받는 상인
을 말하며, 동시에 그런 집을 뜻했다. 객주도 기원이나 연혁은 자세히 알 수
없으나 고려 때부터 있어 온 것으로 추측되고 있다.

주막은 주로 하층 계급의 사람들이 하나의 방에서 공동 취침하는 곳인

데 반해, 객주는 규모도 컸고 시설도 좋았으며 방 하나를 빌려 홀로 머물 수 있었다. 그래서 객주의 고객은 지체 있는 계급이었다.

사람의 발길이 끊이지 않는 문경새재

조선 시대에 여행할 때 가장 기본적인 교통 수단은 두 발로 걷기였다. 그래서 나그네의 괴나리봇짐에는 으레 짚신 몇 켤레가 매달려 있곤 하였다. 나랏일을 수행하는 관리나 유람을 떠나는 부유한 양반들은 말이나 가마를 타고 갔지만, 가난한 백성들은 그저 튼튼한 두 발로 험악한 산 고개를 넘고 개천을 건너야 했다.

조선 시대 한양과 지방의 주요 도시들 사이에는 간선도로가 연결되어 있었다. 영남대로 · 호남대로 · 의주대로 등 간선도로는 조선 후기에 상업이 발달하면서 사이사이에 새로운 길이 많이 생겨났다. 이 중 영남대로는 사람들의 발길이 끊이지 않는 큰 길로, 영남과 기호 지방을 잇고 한양으로 통하는 길이어서 과거를 보러 가는 유생 · 관리 · 보부상 · 일본으로 가는 통신사들까지 왕래하였다.

그 중 문경새재는 무척 번화로운 고갯길이었는데, 숲이 울창하여 낮에도 호랑이와 맹수들이 나오고, 토끼비리와 같은 험한 벼랑길이 있었다. 그러나 동래에서 문경새재를 넘어 한양까지는 14일이 걸렸다. 같은 구간을 죽령은 15일, 추풍령은 16일이 걸렸으니, 조금 험한 길이어도 사람들은 지름길인 문경새재를 택했다. 또, 문경새재를 넘으면 과거에 합격한다고 하여 과거를 보러 한양으로 가는 영남 유생들에게 매우 인기 있는 길이었다. 영남대로의 충주, 상주, 안부역, 유곡역 등은 늘 중앙에서 파견하는 관리나 사대부들의 행차가 끊이지 않았다.

문경새재 주막

조선 후기가 되면 웬만한 마을에는 주막이 꼭 있었다. 도시나 장터, 큰 고개 밑, 선착장에는 주막이 죽 늘어서 주막촌이나 주막거리가 생겨날 정도였다. 서울에서 인천으로 가는 중간 지점인 경기도 소사와 오류동, 경기도와 충청도와 경상도를 잇는 천안, 경상도와 전라도를 잇는 하동과 화개 등지, 호남과 서울을 잇는 길목이며 곡물과 죽산물 한지의 집성지인 전주, 전라도로 통하는 섬진강 나루터 등에도 주막이 많았다. 또 영남에서 한양으로 가는 길목 중 가장 큰 고개인 문경새재에도 당연히 주막이 성행하였다.

영남에서 한양으로 가는 나그네들은 새재를 넘기 전에 숙박을 하였다. 그 동안의 피로를 풀고 조령을 넘을 수 있는 새 힘을 얻기 위해서였다. 또한 새재에는 나무가 꽉 들어차 있어서 호랑이를 비롯한 맹수들이 많았으며, 도둑들의 피해 역시 빈번했다. 따라서 새재 아래의 주막에서 숙박을 한 후 아침 일찍 여러 사람이 함께 넘어야 안전했던 것이다.

조선 후기 『해동지도』의 조령성을 보면, 제1관문(동성문)으로 들어선 후 길 오른쪽에 '초곡주막(草谷酒幕)' 이라고 선명하게 쓰인 글자가 있다. 마을 전체가 주막거리를 형성하여 주막촌이 되었던 것이다. 초곡주막 사람들은 평상시에는 주막 운영에 종사하면서 산불 방지의 임무도 수행하였다. 그리고 유사시에는 성곽을 지키거나 첩보원으로 활약하였다. 조령성은 외적의 침입을 막기 위한 방어 진지였기 때문이다.

문경에는 또 재미있는 이야기가 전해지는 주막이 있다. 바로 '돌고개주막' 이다. 고모산성과 벼랑길인 토끼비리(관갑천잔도)가 있는 석현고개는 예부터 '꿀떡고개' 라고도 불렀다. 길이 험하여 숨이 꿀딱 넘어갈 즈음인 고개 꼭대기에 꿀떡을 파는 주막이 있어서 나그네들은 요기를 하며 쉴 수 있었

124 조령성
해동지도의 하나로, 조령산성 안에
초곡 주막촌이 보인다.
ⓒ 서울대학교 규장각

다. 또 과거 보러 가는 유생들은 이 돌고개주막에서 꿀떡을 사 먹으면 과거에 급제한다고 하여 꼭 들렀다. 그러나 유생뿐이겠는가. 짐을 가득 짊어지거나 메고 다니는 보부상들에게도 이 주막은 고단한 몸을 쉬며 달콤한 휴식을 취했던 곳이다.

예천 삼강나루의 '삼강주막'은 빼놓을 수 없는 주막이다. 조선 시대 영남 사람들이 한양 천 리 길을 가다 보면 두 개의 난관에 부딪혔다. 그것은 물길 삼강나루요, 산길 문경새재이다. '삼강'이라는 지명은 낙동강과 내성천, 금천이 만나는 곳이라서 붙여졌다. 이 나루터에 삼강주막이 있어서 나그네들이 숨을 고를 수 있었다. 그런 다음 강을 건너 문경으로 들어가고, 문경새재를 넘으면 큰 고생길은 끝난 것으로 여겼다. 그러니 삼강주막은 없어서는 안 될 길목의 쉼터였던 것이다.

문경새재 주막의 단골손님

문경새재 주막의 손님은 먼 길을 떠나는 나그네, 공무를 집행하는 관리, 과거 시험을 보러 가거나 돌아오는 유생, 물건을 팔러 다니는 보부상, 임금에게 억울함을 상소하러 가는 양반, 팔도강산을 유람하는 선비, 귀향길에 들어선 사람들까지 다양했다. 그들의 여행 목적은 제각각이었지만 주막에 들르는 이유는 똑같았다. 험한 산을 넘기 위해서는 휴식이 필요했던 것이다.

문경새재 주막의 손님들은 여행의 고단함을 푸는 방법도 달랐다. 천한 신분의 사람들은 여행의 고단함을 타령으로 흥얼거렸고, 고급 손님인 양반들은 문경새재를 넘으며 그 흥에 취해 수많은 시를 남겼다.

조령 마을에서 묵다 / 宿鳥嶺村

이행(李荇)

먼 행차라 그 기간 하루도 아닌데	遠遊非一朝
여장은 어찌 이다지도 초라하나	行李何騷騷
종일 산 계곡 아래로 다니느라	盡日澗壑底
여윈 말은 저녁에 힘겨워 우네.	瘦馬暮鳴號
서둘러 조령촌에 투숙하고 보니	急投鳥嶺村
이미 저 눈 덮인 산에선 나왔네.	已出雪天高
주인장은 참으로 순박한 이로서	主人實淳朴
산나물 장만코 대접해 주었다네.	薦以山谷毛
관솔불 등잔 켠 띠집 방 안에서	松明照茅屋
내게 두루미 탁주 한 잔 권하네.	酌我樽中醪
내 그 한 잔에 문득 취하고 보니	一杯亦一醉
나도 몰래 속이 웅혼해지는 것을	斗覺胸次豪
장부가 어찌 한 사물에 집착하랴.	丈夫豈有着
만나는 것마다 흥 느끼면 그만인걸	得興唯所遭
평생 자연을 좋아한 내 성품이여	平生泉石心
자연에 이렇게 노닐어 정말 좋아라.	幸此解天發
다만 소원을 이루면 그만인 것을	但使宿願邃
길 가기가 힘겹다 말하지 말게나	莫言行道勞
한번 웃고 베개 어루만지며 누워	听然撫枕臥
꿈에서나마 바다 자라 낚아보리라.	夜夢釣海鼇

이행은 조선 중기의 문신이다. 그는 연산군 생모인 폐비(廢妃) 윤씨(尹氏) 의 복위를 반대하다 충주에 유배되고 경남 함안으로 이배되었다. 이 시는 문 경새재를 넘어 함안으로 이배될 때 쓴 것 같다. 순박하고 인정 많은 조령의

주막에서 잠시 고단한 여행길, 인생길을 접고 쉬는 정경이 잘 드러나 있다.

　조선의 선비들은 마치 시 짓기 경쟁이라도 하듯 문경새재를 소재로 수많은 시들을 남겼다. 이것은 문경새재가 빼어난 절경이기 때문이며, 또 그 험한 고갯길이 인생의 여정과 닮았기 때문일 것이다.

　영남 유생 권상일(權相一, 1679~1759년)은 30세인 1708년에 처음 한양으로 과거시험을 보러 간다. 그가 쓴 『청대일기(淸臺日記)』를 보면 그의 과거 길을 엿볼 수 있다. 가난한 유생인 까닭에 주막에서 숙식을 해결해야 했던 그는 문경의 집을 떠나 문경 초곡주막에서 하루 머물고 조령을 넘은 후 충주 달천주막, 여주 오갑주막 등을 거치며 과거 길을 오간다.

　또 경상도 암행어사 신정(申晸, 1628~1687년)은 1671년 9월 14일 암행어사의 봉서를 받은 후, 암행어사 수행일기인 〈남행일록〉을 쓴다. 그는 한양에서 출발하여 문경새재를 넘은 후, 영남대로에 있는 많은 주막들을 이용하였다. 그는 15일에 판교 주막에서 아침을 먹고, 점심은 용인 어증포 주막에서 먹는다. 며칠 뒤, 20일에는 문경새재를 넘기 전 고사리주막에서 아침을 먹고, 점심에는 용추주막에 들른다. 그는 물론 공무를 수행하는 중이었으면 역에서 머물기도 했지만, 신분을 감추어야 하고 또 미흡한 여행 경비로 경상도 지역을 두루 돌아다녀야 하므로 주막에서 많이 숙박했다.

　조선 시대 양반들의 기록은 문경새재의 주막이 그들의 삶과 함께한 공간이었음을 드러내는 것이다. 그러나 뭐니 뭐니 해도 주막의 최고 단골손님은 보부상이었다. 그 중 유랑 행상인 선질꾼들은 주막이 곧 그들의 집인 셈이었다. 선질꾼들은 지게 하나를 밑천으로 장사를 하며 떠돌았는데, 나이 40~50세가 돼도 장가를 들지 못한 떠꺼머리총각들이었다. 그러니 그들의 삶은 평생 길바닥 위였고, 주거지는 곧 주막이었던 것이다.

125 퇴계 선생 문집
퇴계 이황 선생의 문집으로, 문경새재에서 쓴 시가 있다.

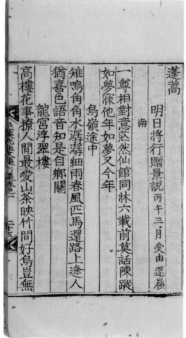

126 회재집
회재 이언적 선생의 문집으로,
문경 객사에서 지은 시가 있다.

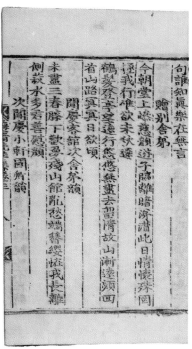

풍속화 속의 주막

주막은 풍속화의 좋은 소재로 쓰였다. 조선 후기부터 다양한 그림들이 보이는데, 그 중 대표적인 것은 김홍도의 〈주막〉, 신윤복의 〈주막〉, 이형록의 〈설일주막(雪日酒幕)〉이다.

김홍도의 〈주막〉은 초가집으로 된 시골 주막이 생생하게 표현되어 있다. 오른쪽에 패랭이를 쓴 사내는 국그릇을 기울여 가며 국물을 떠먹고, 그 옆에는 이미 식사를 마친 이가 여유롭게 담뱃대를 입에 물고 돈주머니를 뒤적이고 있다. 주모는 이 모습을 쳐다보며 국을 뜨고 있고, 어린아이는 주모의 치맛자락을 잡은 채 칭얼대고 있다. 간단한 장면이지만 주막의 분산한 모습이 잘 드러난 그림이다.

김홍도의 그림이 시골 주막의 정경을 잘 드러냈다면, 신윤복의 〈주막〉은 도회지의 고급스러운 주막을 잘 표현한 작품이다. 주막 앞쪽에는 분홍 꽃이 탐스럽게 피어 있고, 주막에 들러 술 한잔을 하려는 의금부 나장과 별감, 양반차림의 남자들이 보인다. 주모는 부뚜막 앞에 앉아 따끈한 국과 술을 퍼주고 있는데, 화려하게 치장한 그의 행색은 시골 주막의 주모와는 몹시 다르다. 심부름꾼인 중노미가 서 있는 것으로 보아, 상류층이나 관인들이 드나들던 도회지 주막인 듯하다.

여행자의 모습을 가장 잘 표현한 작품으로는 이형록의 〈설일주막〉이 있다. 이 풍속화에는 겨울날 외따로 떨어진 깊은 고갯길 위의 주막이 보인다. 주막에는 따끈한 술국이라도 끓이려는 듯한 주모가 있고, 여러 종류의 술병과 술상이 보인다. 뜰 밑에는 개 한 마리가 한가롭게 앉아 있고 지붕 위로는 주막을 알리는 깃발이 걸려 있다. 그때, 딸그닥딸그닥! 가쁜 말발굽 소리가 산기슭에 울리더니, 눈 쌓인 하얀 세상으로 짐을 실은 말과 삿갓을 쓴 장사꾼이 들어선다. "어이 춥다!" 장사꾼의 목소리가 들리는 듯하다. 한적한

숲속, 주모는 친근하게 길손을 맞이하고 따스한 인정이 고스란히 전해지는 주막 풍경이다.

조선 시대 주막은 밥과 술과 잠을 해결할 수 있는 공간이자 여행객이 잠시 쉬었다 가는 길 위의 휴식처였다. 또한 도시의 새로운 문화와 물건을 전하는 전달처 구실과 다른 마을의 온갖 소식과 정보를 모을 수 있는 소통의 장소였다. 뿐만 아니라 여러 사람이 모여 즐기는 장(場)의 구실도 하였다. 보부상의 버거운 짐을 잠시 내려놓는 곳이었고, 한양으로 과거 시험을 보러 가는 선비의 뛰는 가슴을 잠시 다독이는 곳이었으며, 오랜만에 장에서 만난 이웃마을 사람들이 정담을 나누는 장소였다. 그리고 술 한잔 들이킨 후 흥겨워 골패 등의 놀이를 하던 곳이기도 하다.

주막의 이름과 외상값

주막은 특별한 간판이나 표시가 없었다. 그저 주막의 문짝에다 酒 자나 酒店 을 한지에 써 붙였다. 밤에는 酒 라는 글자를 크게 쓴 창호지 등을 눈에 띄기 쉬운 입구에 걸어 두었다. 또 장대에 용수를 매달아 지붕 위로 높이 올리거나 쇠머리 혹은 돼지머리 삶은 걸 좌판에 늘어놓아 주막임을 알렸다.

주막의 이름은 주인이 스스로 이름을 붙인 게 아니라 길손들이 집이나 주인의 특징을 따서 지었다. 주막집 앞에 미루나무가 있으면 미루나무집, 오동나무가 있으면 오동나무집, 우물이 시원하면 우물집, 나루터 부근이면 나루터집이었고, 주막의 영감이 혹부리이면 혹부리집이 되었다.

이름 짓기조차 손님에 의한 손님을 위한 휴식처였던 주막. 주막의 넉넉한 인정은 외상값에서도 고스란히 드러났다. 주막에는 외상이 많았다. 먹고사는 일이 여의치 않은 백성들에게 여윳돈은 충분치 않았던 것이다. 밥과 술을 먹었으나 지금 당장 갚을 수 없으면 나그네들은 주모에게 "아무 마을 아무개가 아무 날에 얼마치를 먹었으니 그어놓으라."고 하였다. 그러면 주모는 벽이나 기둥에 금을 그어서 술값을 기록해 두거나 나무막대기에 칼로 눈금을 그어서 표를 해두었다. 주모는 외상 하는 사람의 얼굴 생김새를 그리고, 어디에 사는 아무개, 무슨 장사를 하는 장사꾼으로 기억해 두었다가 나중에 받았던 것이다.

글을 읽고 쓸 줄 모르는 주모에게 있어서 가장 필요한 것은 무엇이었을까? 맵찬 눈썰미와 후덕한 인심, 주면 받고 안 주면 떼는 욕심 없음이 아니었을까. 믿음으로 주고받았던 주막의 외상값에서 요즘 시대보다 더 풍성했던 신용을 엿볼 수 있다.

127 김홍도의 〈주막〉
ⓒ 국립중앙박물관

128 이형록의 〈설일주막〉
ⓒ 국립중앙박물관

세분화·전문화로 승부를 건 객주

주막이 소박한 인정미를 엿볼 수 있는 휴식 공간이라면, 객주는 보다 전문적인 상업 활동의 중심지였다. 객주는 주막보다 큰 규모의 휴식 공간을 일컫는 동시에, 물품을 중개하는 중간 상인을 말한다. 객주는 17세기 이후로 상품의 종류나 거래 규모, 상인의 숫자와 활동이 폭발적으로 커지게 되자 포구나 도시에서 유통과 자본을 매개로 활동했던 중간 상인이었다.

그들은 상품 집산지에서 상품을 위탁받아 팔아주거나 매매를 주선하며 말이나 소가 쉬도록 마구간을 제공하였고, 보부상이 구입한 물건을 안전하게 보관할 수 있는 창고까지 구비하고 있었다. 즉, 숙박업·창고업·화물 수송업·금융업까지 손을 안 댄 곳이 없었다. 그러다 보니 객주를 부르는 방법도 다양했다.

객주는 취급하는 물건에 따라 청과객주·수산물객주·곡물객주·약재객주 등으로 분류되며, 이런 객주들을 통틀어 '물상객주(物商客主)'라고 하였다. 또 의주가 근거지이며 주로 중국 상품을 위탁 판매하던 '만상객주(灣商客主)', 봇짐장수를 상대로 주로 내륙에서 활동하는 '보상객주(褓商客主)', 일반 보행자에 대한 숙식만을 전업으로 하는 '보행객주(步行客主)', 대금 등 금융의 주선만을 전문으로 하던 '환전객주(換錢客主)', 조리·솥·바가지·삼태기 등 언제나 무시로 사용되는 가정용품을 다루는 '무시객주(無時客主)'가 있었다.

이렇듯 객주가 성행하고 중개인의 역할을 할 수 있었던 것은 무엇 때문일까? 조선 후기 상업에 어음이나 수표 등이 통용되고 신용이 전제되었기 때문이다. 객주의 성행은 조선 시대 경제와 사회생활에 커다란 변화를 가져오게 되었다. 객주는 나그네들의 쉼터에서 전문적이고 세분화된 전문 상업 집단으로 성장하여 조선 시대 상업을 활성화시켰던 것이다.

꿈을 찾아 넘던 문경새재 과거길

인재 양성의 등용문 '과거'

관리를 선발하는 국가제도인 과거제가 우리나라에 처음 도입된 것은 고려 광종 때인 958년이다. 지방 호족과 관리들의 권력 세습을 타파하고 왕권강화책의 일환으로 쌍기(雙冀, 고려 때의 문신)의 건의에 의해 실시되었다. 초기에는 시험 절차가 단순했으나 나라의 기틀이 잡히고 관료체제가 확대되면서 과거제도도 다양하게 실시되었다. 이 과거제도는 조선 시대에도 이어져 국가의 인재를 선발하는 데 중요한 역할을 한다.

조선 시대 과거는 시험 내용에 따라 소과 · 문과 · 무과 · 잡과의 네 종류가 있었고, 시험 시기에 따라 정기시(定期試)와 부정기시(不定期試)로 구분하였다. 과거의 첫 번째 관문은 소과(小科)이다. 소과는 사서오경으로 시험을 치르는 '생원시(生員試)'와 시(詩) · 부(賦)로 시험 치르는 '진사시(進士試)'가 있었다. 이 시험은 전국적으로 실시되었으며, 이를 통과하면 '복시(覆試)'를 치르게 되는데, 이 시험은 한양에서 실시되었다. 이러한 과정을 거쳐 대과(大科, 文科)를 치르게 되고, 급제하면 탄탄대로의 벼슬길이 열리게 된다.

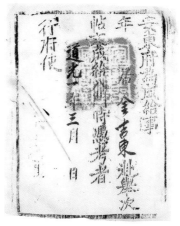
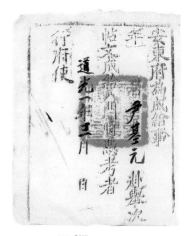

129 첩문
과거시험 응시를 증명하는 문서로,
안동부에서 발급했다.

이러다 보니 양반가의 자제든 평민(양인)의 자식이든 저마다의 지식을 연마하여 과거길에 올랐다. 예나 지금이나 가정 형편이 넉넉해야 공부에도 전념할 수 있는 법, 비록 노비를 제외한 양인이면 누구나 과거에 응시할 수 있었지만 일반 평민은 감히 엄두도 내지 못하는 것이 또한 과거였다.

자료에 따르면 조선 시대 과거에 급제한 응시자의 평균 연령이 문과의 경우 35세였다. 5살부터 천자문 등 글을 읽기 시작했다면 30여 년을 학업에 매진해야 벼슬길에 오를 수 있었다는 얘기다. 응시 인원을 보더라도 그 경쟁이 무척 치열했음을 알 수 있다. 소과 2단계(초시, 복시)와 대과 3단계(초시, 복시, 전시) 등 총 5단계의 과거시험을 거쳐 선발되는 인원은 33명이었다. 그런데 이 과거에 응시한 인원은 6만여 명에 달했으니 평균 2천 대 1의 경쟁률이었다. 이러다 보니 지방에서의 과거를 거쳐 한양에서 열리는 대과까지 치르려면 보통의 재력으로는 어림없었던 것이다. 하루 벌어 먹고사는 평민들에게는 그야말로 언감생심의 일이었다.

소과 응시
김홍도의 풍속화로, 생원 · 진사시험에 응시하는 모습이다.

괴나리봇짐에 희망을 넣고

경상도 문경의 선비 중 권상일(權相一, 1679~1759년)은 조선 시대 숙종~영조 연간을 산 인물로, 그의 나이 20세 때부터 사망하기 열흘 전까지 무려 62년 동안 일기를 썼다. 그의 호를 따 '청대일기(淸臺日記)'라고 부르는 이 일기를 통해 당시의 과거시험의 여정을 상세히 엿볼 수 있다.

어려서부터 재주가 뛰어났던 권상일은 7세부터 책을 읽기 시작하였다. 책을 읽은 지 한 해도 되지 않아 『사략(史略)』 7권을 모두 읽었고, 13세에는 『논어』, 『맹자』, 『중용』 등 사서삼경을 모두 공부하였다. 학업에 자신감이 생긴 권상일은 20세부터 집에서 과거시험 준비를 시작한다. 24세에는 상주 대승사와 김룡사, 오정사, 예안 성천사 등을 다니며 산사 거접(居接)을 시작한다. '산사 거접'이란, 과거를 준비하는 유생들이 산사에 모여 시험에 대한 정보를 공유하며 함께 공부하는 것을 말한다.

25세(1703년) 때부터 '백일장'에 참가하기 시작한 권상일은 상주목사가 실시한 백일장에서 '3하(三下)'의 점수를 받는다. 이후, 초시에 합격한 그는 30세 되던 해에 2차 시험인 회시(會試)를 보러 한양으로 올라가기에 이른다.

집안 형편이 넉넉하지못했던 권상일은 과거를 보기 위한 여장을 꾸리기 시작했다. 당시에 '상평통보'라는 화폐가 있었으나 전국적으로 대량 유통되기 전이 어서 필요한 여행 물품은 손수 준비해야 했다. 형편이 넉넉하다면 손수 짐을 쌀 필요가 없다. 동행할 하인이 온갖 짐을 꾸려서 나귀에 싣든가 지게에 지고 따라나설 터였다. 그러나 권상일은 그럴 만한 형편이 되지 못하였다. 그는 괴나리봇짐을 내려놓고 물건들을 정리하기 시작했다.

'우선 문방 용품부터 챙겨야겠군.'

그는 여행용 작은 벼루 행연 · 연적 · 자모필 등을 챙기고, 좀 더 보아야 할 서책과 휴대용으로 들고 다닐 수 있는 작게 만든 수진본 책과 나침반 ·

호패를 정리해 놓았다.

"이부자리는 어떻게 해요?"

옆에서 행장 싸는 것을 거들던 아내가 묻는다. 손길을 멈춘 권상일이 측은한 눈으로 아내를 바라본다. 경비를 마련하기 위해 아내가 얼마나 많이 힘들어했던가.

당시 과거를 보러 가는 사람들의 여행 물품은 작은 이삿짐을 방불케 했다. 여행 중에 덮고 잘 이부자리를 가지고 가는 사람이 있는가 하면, 끼니를 해결하기 위해 솥단지를 지고 가는 경우도 있었다. 그러나 이 정도는 하인을 대동하고 노새라도 준비할 수 있는 여유 있는 사람들의 얘기였다.

"이부자리는 됐고, 양식이나 좀 챙겨야겠소."

그는 길 양식으로 쓸 쌀과 함께 며칠 전부터 아내가 준비해 준 떡과 누룽지, 미숫가루, 육포 등을 자루에 넣었다. 괴나리봇짐을 메고 짐 보따리를 든 그가 대문을 나서려는데 노모가 그를 불러 세웠다.

"아범, 한양 가서 과거 치를 때 이것을 드시게나."

노모가 품안에서 꼬깃꼬깃 싼 작은 뭉치 하나를 건넸다. 우황청심환이었다. 긴장하지 말고 실력을 발휘하라는 어머니의 정성이 담겨 있었다. 순간, 권상일의 눈가에 눈물이 고였다.

"고맙습니다, 어머님. 반드시 과거에 급제하고 돌아오겠습니다."

권상일은 합격을 기원하는 가족들을 뒤로 하고 한양을 향한 과거길로 힘찬 발걸음을 내디뎠다.

130 **수진본 사서**
여행용으로 제작된 작은 책으로, 논어·맹자·중용·대학이 들어 있다.

괴나리봇짐
청운의 꿈을 안고
과거길에 오르는 선비의 봇짐

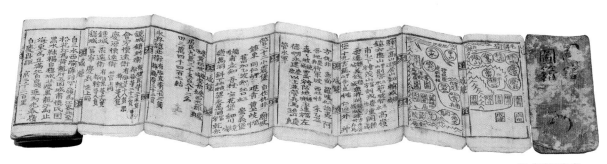

131 수진본 지도첩
괴나리봇짐에는 이렇게 작은 지도가 들어 있었다.

132 논어

133 맹자

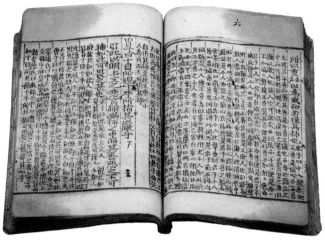

134 대학

135 중용

136 사문류초

137 행연

138 행연

139 행연

140 심지연

137~139 행연
선비의 여행 필수품이라고 할 수 있는 여행용 벼루. 크기가 매우 작다.

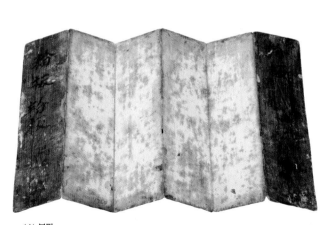

141 분판
여러 겹의 한지에 기름을 발라 만든 것으로,
글씨를 쓰고 지울 수 있다.

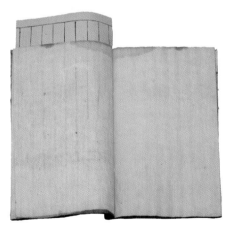

142 공책
시를 짓고 기행문을 기록할 수 있는 공책

143 붓통
서너 개의 붓을 넣을 수 있는 붓통.
한지로 만들었다.

144 자모필
여행할 때에는 작은 붓을 넣어 다녔다.

145 먹통
여행 시 먹물을 담을 수 있도록
만든 먹물 통이다.

146 먹통

147 필세
붓을 가지런하게 다듬는 데 사용하였다.

148 필묵통
휴대용으로, 긴 대에는 붓을 넣고
통에는 먹물을 넣어 다녔다.

149 필묵통

150 패철
지도와 더불어 나침반도 괴나리봇짐의
필수품이었다.

151 패철

152 엽전
예나 지금이나 여행할 때는 경비가 필요하다.

153 필낭
붓을 넣을 수 있는 필낭에 호패를 달아 놓기도 했다.

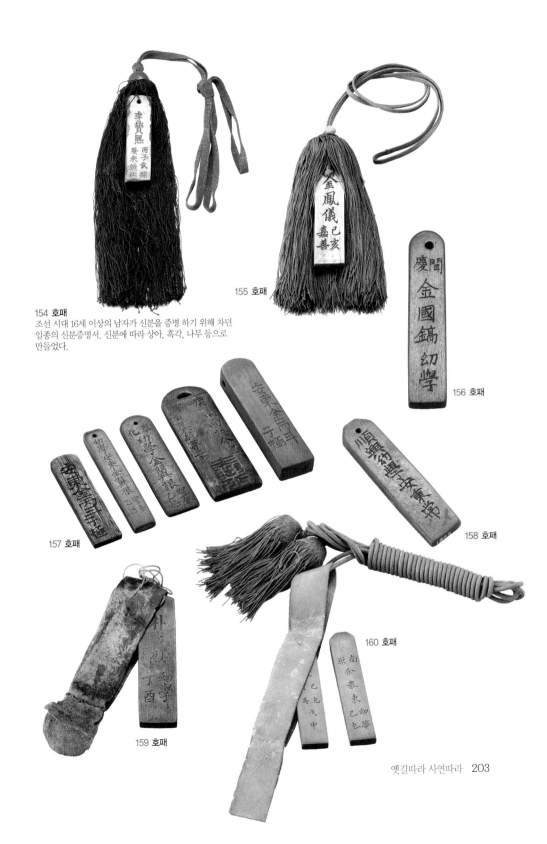

154 호패
조선 시대 16세 이상의 남자가 신분을 증명 하기 위해 차던 일종의 신분증명서. 신분에 따라 상아, 흑각, 나무 등으로 만들었다.

155 호패

156 호패

157 호패

158 호패

159 호패

160 호패

161 표주박
여행 중 물을 떠먹기 위한 필수품. 한지, 조개,
열매 등으로 만들었다.

162 표주박

163 장도
여행할 때 여러 가지 용도로 사용하기 위해
장도를 지니고 다녔다.

164 장도

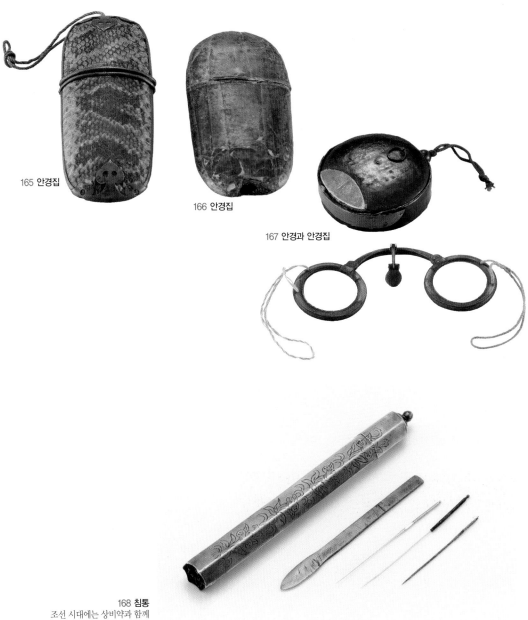

165 안경집

166 안경집

167 안경과 안경집

168 **침통**
조선 시대에는 상비약과 함께
침통을 지니고 다녔다.

꿀떡고개와 책바위

영남대로를 걷다 보면 수많은 산과 강, 고개를 넘어야 한다. 그러니 크게 개의치 않아도 될 일이건만, 유난히 이 고개는 숨이 꼴딱 넘어갈 듯 차서 '꼴딱고개'라 한다. 과거길에 오른 유생들은 이 꼴딱고개의 주막에서 꼭 '꿀떡'을 사먹으며 합격을 염원했다. 그래서 이 고개를 '꿀떡고개'라고도 부르게 되었다.

"할멈, 이 꿀떡을 사먹으면 과거에 틀림없이 붙는 거요?"

"아, 그렇다니까요. 이걸 자시고 가면 이번 과거는 따놓은 당상입니다요."

유생들은 허기진 배를 꿀떡으로 채우면서도 꿀떡을 파는 노파의 축원까지도 함께 받았다. 몸과 마음이 든든해진 유생들은 성황당에 이르러서는 합격을 기원하는 기도를 올렸다. 그리고 든든한 걸음으로 문경새재를 거슬러 오른 후, 조령관 바로 아래의 책바위에서 또 기도했다. 대학의 합격을 바라며 학교 정문에 덕지덕지 엿을 붙이던 우리네 부모님의 그 마음처럼 정성스럽게.

조선 시대 유생들이 기도한 곳이기 때문일까? 유생들이 합격을 기원했던 조령관 바로 아래의 책바위는 요즘도 자녀 합격을 비는 기도처로 인기가 많다.

예나 제나 시험을 보는 곳에는 금기하거나 꺼려하는 것들이 여럿 있다. 미역국을 먹으면 미끄러진다고 시험 당일에는 미역의 '미' 자도 꺼내지 않는다. 옛날 영남의 선비들도 그러했다. 영남에서 한양으로 가려면 문경새재나 추풍령, 죽령을 넘어야 했다. 그런데 과거를 보러 가던 선비들은 유독 문경새재를 고집했다. '문경(聞慶)'이라는 뜻이 '경사스러운 소식을 듣는다.'는 것이고, 옛 이름이었던 '문희(聞喜)' 역시 '기쁜 소식을 듣는다.'는 뜻이었기에 마음의 평안과 용기를 얻을 수 있었다. 반면, 죽령과 추풍령을 넘기

싫어한 이유는 지명의 어감 때문이었다. 죽령을 넘으면 과거시험에 '죽죽 미끄러지고', 추풍령을 넘으면 '추풍낙엽처럼 떨어진다.'는 생각이 들어서 였다. 여행 경로상 부득이 추풍령 앞에 이르게 되면 옆쪽의 '괘방령(掛榜嶺)' 을 넘기도 했다.

유생들은 '문경새재아리랑'을 부르면서 고개를 넘었다. 이 고개를 넘어야 서럽고 힘든 날들을 이길 수 있고, 새로운 희망을 품을 수 있다고 생각했다. 그들은 새들도 넘기 힘들다는 문경새재를 '구부야 구부야' 흥얼거리며 새처럼 가볍게 넘었다.

낙방길, 거기에서 다시 희망을 찾다

영남의 유생들은 백두대간의 고개를 넘는 것에 많은 의미를 담고 있었다. 온갖 고초를 넘으며 올라간 한양에서 돌아오는 길이 기쁨에 찬 급제길 일 수도 있고, 절망 가득한 낙방길일 수도 있었다.

영남 사람인 정랑 김오응, 감찰 장위항 등이 연명(聯名)하여 상소한 『영조실록』을 보면 영남 유생들의 과거에 대한 생각을 알 수 있다.

"영남 사람들이 다른 지역 사람들에 비해 큰 장점은 없으나 그래도 염치와 의리의 귀중한 것을 대략은 알고 있습니다. 그래서 백의(白衣)로 조령(鳥嶺)을 넘는 것을 예로부터 부끄럽게 여기고 있습니다."

여기에서 '백의(白衣)'는 과거 낙방을 의미한다. 즉 과거 합격증인 홍패를 들지 못하고 고향으로 돌아가는 것은 실로 부끄럽고 예가 아니었음을 말한다. 이처럼 영남 유생들의 백두대간 고개에 대한 인식은 다른 지역과는 다른 면이 있었다. 백두대간 고개를 넘어 홍패를 가져와야 자신의 출세는 물론 가문이 부흥하는 것으로 여겼던 것이다.

이교익의 풍속화
마치 낙방길을 연상케 하는 모습이다.

아무튼 첫 번째 대과에 도전한 권상일은 안타깝게도 이 시험에서 실패한다. 문무백관이 가득한 과거장의 풍경과 지방에서 올라온 첫 대과에 대해 부담감으로 작용했는지도 모른다. 합격자를 알리는 방에 자신의 이름이 없음을 확인한 권상일의 마음이 한없이 땅속으로 내려앉았다.

"어떻게 마련한 여비인데……."

살림살이가 여의치 않은 상황에서도 아내는 삯바느질과 허드렛일을 하며 노자를 마련해 주었다. 또 노모는 우황청심환을 건네며 합격을 기대했다. 권상일은 고향의 가족들을 생각하며 절망의 한숨을 터뜨렸다. 그렇다고 연고 하나 없는 한양에서 하염없이 낙담하고 있을 수만은 없었다. 권상일은 다음 번에는 반드시 홍패를 들고 내려갈 것을 다짐하며 도성 문을 나섰다.

그가 과거를 위해 상경할 때는 '문경-조령-충주-이천'을 거쳐 11일 만에 한양에 도착했다. 보통 문경에서 한양까지 5~6일 정도 걸리는 거리를 감안하면 꽤 많은 날이 걸린 셈이다. 나름대로 과거를 위해 심신을 조절하였던 것이다. 그러나 과거에서 떨어진 하향길에 그렇게 여유가 있을 리 없다. 그는 낙방을 확인한 후 다음 날 출발하여 4일 만에 상주 집에 도착했다. 돌아오는 길은 상경 때와는 달리 조령을 넘지 않고, 연풍을 경유하여 이화령을 넘어 문경으로 왔다. 권상일은 이천을 지날 때쯤 낙방 심정을 다음과 같이 『청대일기』에 적었다.

낙방하여 실의에 찬 행색이 우습구나. 구구한 득실을 마음에 두지 않지만, 가족을 뵐 생각을 하니 몹시 괴롭고 애통하구나.

어사화를 쓰고 풍물패를 앞세운 급제자의 금의환향길과 달리 낙제자들은 절망과 좌절 속에 귀향길에 올랐다. 그 과정에서 느낀 쓰라린 심정을 글로 남긴 것이 여럿 있다.

169 청대 선생 문집
청대 권상일 선생의 문집이다.
『청대일기』에는 과거시험 노정과
술회가 기록되어 있다.

해마다 올라오는 한양이었으나 금년처럼 우울하고 쓸쓸한 여행길은 없었다. 길 동무도 없이 가는 발길이 너무 무거웠다.

– 박득녕(1808~1886년), 『저상일월(渚上日月)』

지난해 새재에서 비를 만나 묵었더니 올해는 새재에서 비를 만나 지나갔네. 해마다 여름비, 해마다 과객 신세. 필경엔 허황한 명성으로 무엇을 이룰 수 있을까.

–유우잠(1575~1635년), 『도헌일고(陶軒逸稿)』, 「조령도중(鳥嶺道中)」

그렇다고 해서 과거에 실패한 낙제자들이 모두 허탈한 마음으로 곧바로 귀향길에 올랐던 것은 아니다. 그들 가운데에는 한양 명승지를 유람하며 마음을 위로하는 경우도 있었다. 과거에 낙방한 사람들은 바로 집으로 돌아가지 않고 한양의 명승지를 두루 유람하기도 했는데, 서울과 광주를 잇는 중요한 나루였던 송파진이 가장 대표적인 장소였다.

이처럼 여유가 있는 유생들이야 한량처럼 유람을 할 수는 있었지만, 노자 한 푼 없이 알거지나 다름없는 유생들은 곧바로 낙향하거나 유람이 아닌 방랑을 하며 마음을 다스렸다.

청운의 꿈을 품고 나섰던 희망에 찬 과거길. 그 길이 이제는 하염없이 흐르는 눈물을 감추며 내려가는 절망의 낙방길이 되었다. 그러나 그 길은 내일의 도전을 다짐하는 젊은 유생들에게 또 다른 희망길이기도 했다. 권상일에게도 그 희망길이 열려 2년 후에 열린 회시에서 급제의 영광을 안고 과거급제길을 걸을 수 있었다.

초목도 축하하는 과거급제의 길

"급제자는 모두 도열하시오!"

합격자 명단이 적힌 방을 보며 삼삼오오 모여 있던 유생들이 시관(試官) 앞으로 모여든다.

"문과 급제자는 오른쪽에, 무과 급제자는 왼쪽에 서시오."

시관의 명에 따라 급제자들이 도열할 즈음 대신들의 안내를 받으며 임금이 나타난다. 이어 급제자들이 차례로 임금에게 사배례를 올린다. 임금은 합격 증서인 홍패(紅牌 : 과거의 최종 합격자에게 주던 붉은색 바탕의 증서), 종이로 만든 꽃인 어사화(御賜花)와 함께 술과 과일 등을 하사한다.

이러한 '창방의(唱榜儀)'가 끝나면 의정부에서는 급제자들을 위한 축하 잔치인 '은영연(恩榮宴)'을 베푼다. 시험을 주관했던 시관들이 당상에 앉고, 당상에 이르는 계단을 중심으로 동쪽에는 문과 급제자, 서쪽에는 무과 급제자가 성적순으로 앉는다. 이어 악공들의 연주가 시작되면 기생들이 술을 권하고 풍물꾼들이 여러 가지 재주를 보이며 흥을 돋운다.

다음 날에는 문무과 급제자들이 문과 장원의 집에 모여 궁궐로 들어가서는 임금에게 '사은례(謝恩禮)'를 올렸다. 그 다음 날, 무과 장원의 집에 모인 급제자들은 성균관 문묘에 가서 공자의 신위에 참배하는 '알성례(謁聖禮)'를 치렀다.

이렇게 공식적인 행사가 끝나면 영광스러운 금의환향길이 이어진다. 급제자들은 고향으로 출발하기에 앞서 '유가'라는 이름의 시가행진을 벌인다. 유가는 보통 3~4일 동안 펼쳐지나 때로는 5일 동안 계속되는 경우도 있었다. 행렬 앞에서 '천동'이 길을 열고, 그 뒤를 악대들이 풍악을 울리며 따라간다. 비단 옷에 온갖 꽃을 달고 황초립에 공작 깃털을 꽂은 광대가 풍악에 맞추어 춤을 추며 재주를 부린다. 그 뒤에 어사화를 꽂은 급제자가 말을 타고 따른다.

한양에서 유가를 마친 지방 출신의 급제자들은 연희패들과 함께 고향에 돌아간다. 그 길은 과거를 보러 올라오던 길보다 두서너 배 더 걸리는 여유로운 길이었다.

그렇게 고향에 도착하면 고을 사람들과 관리들이 나와서 급제자를 맞았다. 급제자는 조상을 모신 향교에 알성례를 올리고, '자손대대 부귀를 누리라'는 뜻으로 홍패를 놓고 '홍패고사'를 치렀다. 관아의 수령은 급제자와 그의 친인척을 불러 가문과 고을의 이름을 빛낸 급제자에게 주연을 베풀며 축하해 주는 '문희연'을 열었다.

전국 유생들에게 있어서 출세의 상징이었던 과거, 그 꿈을 좇아 영남의 유생들은 문경새재를 넘었다. 자신과 가문의 영광을 위해 떠났던 문경새재 과거길은 때로는 한숨과 탄식이 깃든 낙방길이었고, 때로는 지나는 길 초목마저도 손을 흔들며 축하를 보냈던 영광스러운 장원급제의 길이었다.

170 어사화와 보관함
어사화는 과거 급제자에게
임금이 내려준 꽃이다.

* 어사화는 조선 시대 과거시험에서 문무과에 급제한 사람에게 임금이 내려주어 머리에 꽂게 한 종이로 만든 수식화이다. 치자·홍화·쪽물로 물들인 종이로, 3색 종이꽃을 만들고 물들인 대살을 감아 비틀어 꼬아서 대살 위에 꽃종이를 꿰서 붙였다. 어사화를 복두(幞頭)에 꽂은 급제자는 3일 유가(遊街)에 나섰다. 어사화를 보관할 수 있는 소나무로 만든 판도 잘 보존되어 있다.

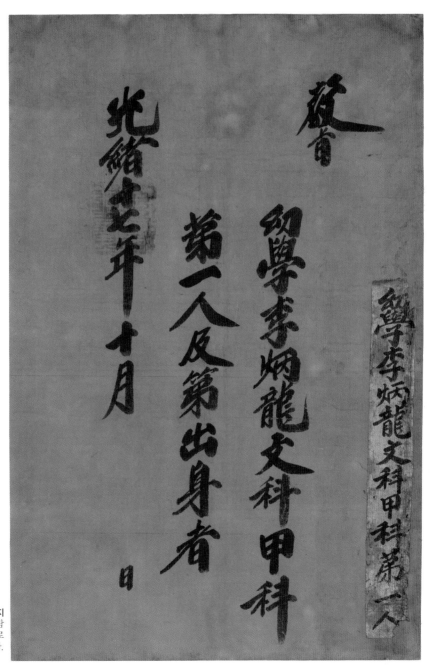

教旨

幼學李炳龍文科甲科
第一人及第出身者

光緒十七年十月　日

171 홍패교지
장원급제교지, 1891년 문경사람
이병룡이 문과시험에 갑과 1등으로
장원급제를 하였다.

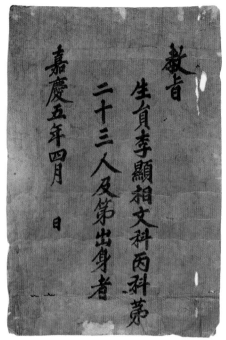

172 **홍패교지**
문무과 대과시험에 합격한 사람에게는 붉은 바탕의 한지에 합격증서를 발행해서 '홍패'라고 하였다.

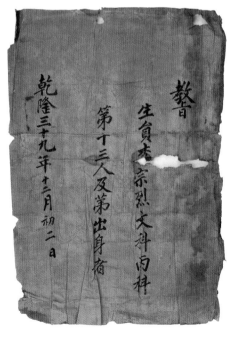

173 **홍패교지**

174 홍패교지

176 홍패교지

175 홍패교지

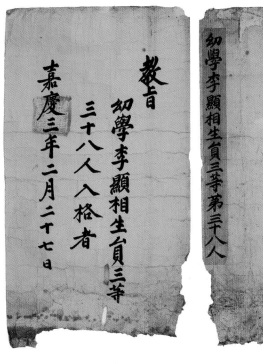

教旨
幼學李顯相生員三等
三十八人入格者
嘉慶三年二月二十七日

幼學李顯相生員三等第三十八人

177 백패교지
생원·진사시험에 합격한 사람에
게는 흰 바탕의 한지에 합격증서
를 발행해서 '백패'라고 하였다.

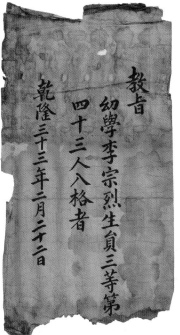

教旨
幼學李宗烈生員三等第
四十三人入格者
乾隆三十三年二月二十二日

幼學李宗烈生員三等第四十三人

178 백패교지

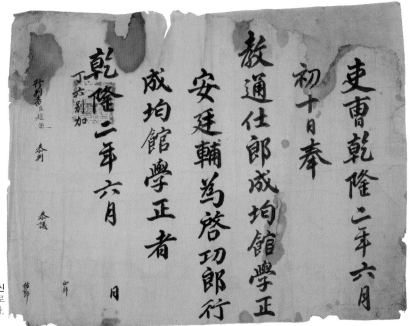

179 성균관고신
성균관의 학록과 학정으로
연이어 임명된 사령장이다.

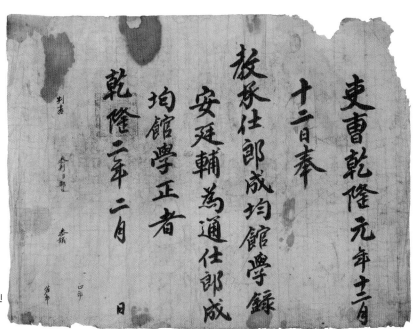

180 성균관고신

* 교지는 매우 다양하게 쓰였다. 관료에게 관작·관직을 내리는 교지는 '고신(告身 : 사령장)', 문과 급제자에게 내리는 교지는
'홍패(紅牌)', 생원시·진사시 합격자에게 내리는 교지는 '백패(白牌)', 죽은 사람에게 관작을 높여 주는 교지는 '추증교지(追贈
敎旨)' 라 하였다.

181 시권 과거시험지의 답안과 평가가 기록되어 있다.

182 시권

183 백지시권
아무것도 기록되어 있지
않은 과거시험지이다.

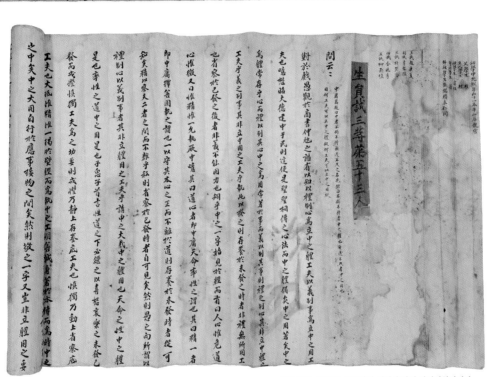

184 **시권** 1891년 신구희의 생원시 합격 과거시험지이다.

185 · 186 사마방목
생원과 진사시험에 합격한 사람의 이름, 연령,
본관, 거주지, 사조(四祖) 따위를 적은 명부이다.

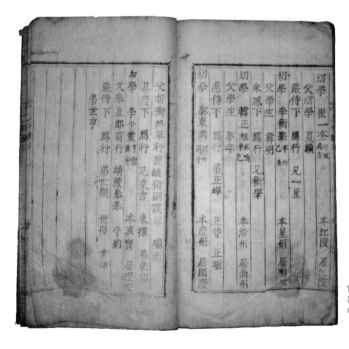

187 을묘방목
문경 출신의 정동윤 선생이
대과에 합격한 기록이 보인다. ⓒ 개인 소장

榮問錄

辛酉三月二十九日

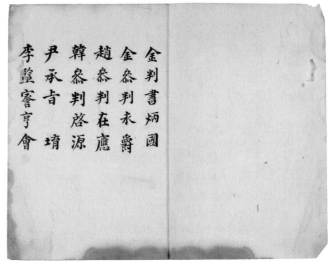

金判書炳國
金僉判永爵
趙僉判在應
韓僉判啓源
尹承旨堉
李監審亨會

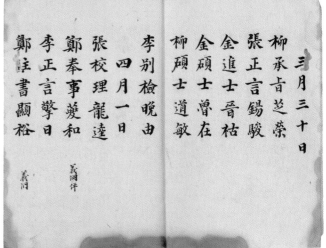

三月三十日
柳承旨芝榮
張正言錫駿
金進士晉祜
柳碩士道敏

李別檢晩由
四月一日
張校理龍達
鄭奉事燮和
李正言摯日
鄭主書顯裕

188 영문록
대과에 급제한 사람이 날짜별로
관원들을 찾아 인사를 다닌 기록이다.

임금의 명을 받들어, '암행어사 길'

임금의 특명을 받는 암행어사

암행어사는 조선 시대에 임금의 특명을 받아 비밀리에 지방을 감찰하던 임시 관리이다. '직지(直指)' · '수의(繡衣)'라고도 불리며, 지방 수령의 정치와 고장의 인심, 백성의 사정들을 살피는 것이 주된 임무였다.

지방을 순찰하는 관리는 고려 시대와 조선 초기에도 있었지만, 암행어사라는 명칭은 1509년(중종 4년) 11월, 기록에 처음 나타난다. 이후 성종 때 지방 수령의 비리가 크게 문제가 되면서 공식화된 것으로 추정된다. 암행어사가 비밀리에 임무를 수행하게 된 것은 1581년(선조 14년)부터이다. 암행어사는 반드시 비밀리에 임명하여 미행해야만 감찰 효과를 볼 수 있다는 이이(李珥)의 조언에 의해서이다. 조선 후기에는 암행어사가 더욱 활성화되어 숙종에서 정조 때를 거치면서 임명 방식 · 임무 규정 · 운영 방안이 체계적으로 정비되었다.

암행어사는 보통 당하관(堂下官)으로, 젊은 시종신(侍從臣 : 대간 · 언관 · 청요직 등을 말함.) 중에서 뽑았다. 왕이 직접 임명하거나 의정부에서

왕의 명령을 받고 후보자를 선정, 천거하면 왕이 그 중에서 선정하였다.

왕이 승정원을 통해 어사 임명자를 비밀리에 부른 후, 직접 봉서(封書)를 주었다. 봉서에는 임무 사항과 목적지가 쓰여 있었고, 사목(事目)·마패(馬牌)·유척(鍮尺)이 함께 들어 있었다. 왕이 직접 면담하지 않을 때는 승지를 통해 봉서와 마패 등을 전달했다. 이때 감찰 대상으로 하는 고을은 왕이 제비를 뽑아 결정할 때가 많았다. 임명된 어사는 당일로 출발하는 것이 원칙이지만 어사 행장을 꾸리거나 수행원을 뽑기 위하여 며칠 뒤에 떠나는 경우도 있었다.

암행어사가 받은 물품

봉서는 임금이 내리는 편지로, 암행어사 임명장이다. 봉서는 암행어사의 활동 내용을 지시한 것이므로 비밀 유지를 위해 아무도 보여 주지 않았다.

봉서에는 '도남대문외개탁(到南大門外開坼)' 또는 '도동대문외개탁(到東大門外開坼)'이라고 쓰여 있다. 전자는 "남대문을 나간 뒤에 열어봐라."라는 뜻으로, 호남이나 충청우도로 향하는 암행어사에게 주었다. 후자는 "동대문을 나간 뒤에 열어봐라."라는 뜻으로, 경상·강원도와 충청좌도로 향하는 어사에게 전달되었다.

사목은 암행어사로서 지녀야 할 규칙과 임무를 기록한 책이다. 마패는 역마(驛馬)를 사용하고 역졸(驛卒)을 모을 때 필요하다. 또 창고를 봉인하거나 어사의 직인으로 사용하기도 했다. 마패는 병조에서 발급하지만 비밀 유지를 위해 암행어사의 것은 승정원에서 보관했다가 내주었다. 마패는 1마패에서 10마패까지 있는데, 일반적으로 암행어사에게는 보통 2마패를 주었다.

유척은 놋쇠로 만든 자로, 도량형과 형구의 규격 검사를 위해 두 개를 지급하였다. 초기에는 암행어사가 비용을 냈지만, 후기에는 정부에서 지급했다.

189 마패
조선 시대 관리가 지방으로 출장갈 때
역마를 징발할 수 있는 증표

190 마패

흔히 '마패' 하면 '암행어사'를 떠올리지만 그건 조선 후기 때의 이야기이다. 지금의 공무원에 해당하는 벼슬아치가 출장을 갈 때 상서원에서 마패를 주어 교통편인 역마를 이용하게 한 것이 주목적이었다. 그러니까 마패는 교통표인 셈이다.

한양에서 출장을 가는 관리들은 짧게는 하루 이틀, 많게는 수십 일이 넘도록 객지에서 생활해야 했다. 출장 벼슬아치들은 정부에서 운영하는 역에 도착해 숙식을 해결하고 업무를 보았다.

출장 중인 관리가 말을 제공받기 위해 상서원 낙인이 찍힌 마패를 제시하면 역에서는 마패에 새겨진 말 숫자에 따라 편의를 제공했다. 말 한 마리가 그려져 있으면 '1마패', 두 마리가 그려져 있으면 '2마패', 세 마리가 그려져 있으면 '3마패'라고 한다. 조선 시대에는 1마패에서 최고 10마패까지 있었다.

마패의 종류는 나무로 된 것에서부터 동이나 구리로 된 것들이 주로 사용되었다. 조선 초기에는 나무 마패가 등장했지만 제작이 너무 쉬워 위조될 위험이 있어서 후에 동이나 구리로 마패를 제작했다.

마패는 말 징발권을 표시하므로 마패를 역에 보이면 마패에 그려진 말의 수만큼 말을 이용할 수 있었다. 지방 출장 중인 관료들은 타고 온 말이 지치면 도착한 역에 두고 새로운 말로 바꿔 타고 다음 역을 향해 갔다. 말도 등급이 있어서 상등마, 중등마, 하등마로 나뉘었다. 관리도 신분과 업무의 중요도에 따라 말을 배정 받았다. 암행어사의 경우에는 직급은 최상은 아니었지만 일의 중요성이 높아 상등마를 탈 수 있었다. 암행어사를 보조하는 하급 관리는 중등마나 하등마를 이용했다.

문경새재를 넘어 경상도를 감찰한 신정

현종 12년(1671년) 9월 1일, 사헌부 집의이며 세자시강원 겸 보덕인 신정은 이혜, 조위봉, 김만중과 함께 암행어사로 임명되었다.

경술년(현종 11년, 1670년)과 신해년(현종 12년, 1671년)은 조선 역사상 최대의 재앙이 엄습했다. 한해·수해·냉해·풍해·충해의 자연재해 중 한두 가지만 겹쳐도 흉년이 심한데, 웬일인지 몇 년 동안 장마와 가뭄이 계속되고 전염병까지 창궐했다.

『현종실록』 11년 5월과 7월의 기록을 보면, "평양에 오리알만한 우박이 반 자 정도 쌓일 만큼 쏟아져 네 살 된 아이가 즉사하고 꿩, 토끼, 까치도 많이 맞아 죽었다.", "전라도 용담 등 여러 고을에 태풍이 불고 큰비가 내렸으며, 새벽에는 서리가 내렸다."라고 쓰여 있다.

이렇듯 계속되는 재난으로 전국은 흉흉해 도둑이 들끓었고, 백성들의 생활은 말할 수 없이 비참했다. 그래서 임금은 지방을 두루 감찰하고 백성들의 삶을 살피고자 하였다.

그러나 봉서는 9월 14일에야 내려졌다. 신정, 이혜, 조위봉, 김만중은 남대문 밖 남관왕묘 앞에서 봉서를 열어 보았다. 봉서에는, 신정은 영남·이혜는 호남·조위봉은 호서·김만중은 경기 지역을 살피라는 밀명이 적혀 있었고, 사목과 마패·유척 두 개가 함께 들어 있었다.

신정은 호조에서 내려준 쌀과 콩 각각 1섬·감장(단 간장)·미역·조기 등의 물품을 말에 싣고, 임금께서 내려 주신 청심환·안심환 등의 비상약을 챙겨 길을 떠났다. 이때 서리 진익천이 신정을 수행하였다. 수행은 중앙 각사의 서리(書吏)나 역졸을 어사가 직접 골라 몇 명씩 대동하는 것이 관례였다. 군관(軍官)에게 차정하는 것은 금지했으나 실제로는 우수한 무사가 필요하여 이들을 선발해 갔다. 서리는 각 관청에서 실무를 맡아 보던 말단 관리이고, 역졸은 역에서 일하는 심부름꾼이다. 그리고 시중들 사람으로 집에서 부리던 종을 데리고 가는 경우가 많았다. 1696년 숙종 때, 황해도 암행어사로 임명된 박만정은 홍문관에서 일하던 서리와 역졸 네 명과 자기 집 종을 데리고 떠났다.

암행어사는 떠나면 임무를 마치기 전까지 돌아올 수 없었다. 몸이 아파도, 부모님이 돌아가셔도 중간에 그만둘 수 없었다. 암행어사의 활동 기간은 보통 1, 2개월 정도다. 경상도 암행어사 신정은 9월 1일 어명을 받고 9월

14일에 출발하여 11월 28일에 돌아왔으니, 두 달 보름 정도의 기간이었다. 1877년 전라우도 암행어사에 임명된 어윤중은 약 9개월 동안 전라도 일대를 돌아보았다.

경상도 암행어사 신정의 여정

경상도 암행어사는 문경새재를 넘거나 죽령을 넘었다. 암행어사 신정도 처음에는 단양을 거쳐 죽령을 넘을 계획이었으나 임금이 추첨으로 뽑은 여러 고을들과는 길이 상당히 어긋났다. 그래서 문경새재를 넘어 경상도로 하행한 후, 단양 죽령을 넘어 상행하는 U자형 여정을 계획한다.

문경새재를 넘어 경상도에 진입한 신정은 하루에 보통 30~60여 리의 길을 나아갔다. 특히 사천에서 곤양까지의 행로에서는 약 100여 리의 길을 걸었다. 신정의 이 여정은 암행어사의 길이 결코 만만치 않은 것임을 보여 준다.

한양 남대문 남관왕묘 앞- 한강나루-광주 사동-양재역-용인-금양역-죽산-충주-음성-인산역-고사리주막-조령-상주-함창-금산-개령-성주-고령-합천-고성-통영-남해-함안-칠원-밀양-양산-부산 동래(반환점으로 상행)-경상도 동쪽인 의흥-신령-비안-예천-용궁-예천-풍기 등을 경유-풍기의 죽령-청풍-수산역-황강역-충주-죽산-용인-과천- 한양

신분을 감추어야 했던 암행어사의 고행길

암행어사는 변신의 귀재다. 다른 관리들과는 달리 신분을 숨겨야 했기 때문에 늘 조심해야 했다. 변신의 기본적인 방법은 폐의파립(敝衣破笠)! 해진 옷과 부서진 갓을 쓴 너절하고 구차한 차림새였다. 그러나 때로는 감영의 군관이나 금군(국왕 경호와 대궐 수호를 담당하는 군대, 즉 국왕 친위대)으로 변장하기도 하였다. 이때는 마패를 적극 활용하여 역에서 말을 바꾸거나 잠을 잘 수 있었다.

1822년 윤 3월 26일, 평안남도 암행어사로 임명된 박내겸은 행차 중 비밀이 드러날까 매우 조심했다. 서울을 출발할 때부터 폐의파립의 궁한 선비로 꾸몄다. 서울에서 멀지 않은 길에서 아는 사람을 만났을 때는 부채로 얼굴을 가리고 지나쳐야 했고, 개성에서는 옛 도읍을 둘러보고 싶었지만 아는 사람을 만날까 봐 돌아올 때로 미뤘다. 또한 역이나 민가에 들어갈 때는 수행원들과 완전히 헤어져 홀로 들어가 묵기도 했다.

박내겸은 또 백성들을 만나 자세한 이야기를 듣기 위해 적극적으로 변장하여 신분을 속이기도 했다. 4월 14일, 맹산의 향청에 들어갈 때다. 그는 붓 수십 자루를 보자기에 싸서 어깨에 걸고 들어가 거짓말로 둘러댔다.

"나는 해주에 사는 박 아무개입니다. 묏자리 때문에 송사를 벌이다 자산에 귀양을 갔다가 다행히 풀려는 났지요. 그런데 돌아갈 길 양식을 마련하기가 어렵지 뭡니까. 그래서 읍 수령을 찾아가 애원했지요. 함경도로 들어가 아는 사람에게 구걸할 계획인데, 헤아려 주십사 하고요. 읍 수령이 붓과 먹을 내주어, 그것을 팔아 여행 밑천으로 삼고 있답니다. 붓 한번 구경해 보시지요. 족제비붓, 자모필, 없는 게 없소이다."

하지만 암행어사들이 감쪽같이 신분을 숨겨도 정체가 탄로날 때가 있었다. 암행어사 신정이 금군의 복장으로 어느 주막에서 쉴 때였다. 한 유생과 동행하게 되었는데, 그의 행색을 보고 꼬치꼬치 캐묻는 게 아닌가. 신정은 동래에 전갈을 전하러 가는 중이라고 급히 둘러댔다. 그러고는 헤어진 후, 오후쯤에 가난한 선비 차림으로 갈아입고는 다른 마을의 주막으로 들어갔다. 그런데 그 곳에 그 유생이 떡하니 앉아 있지 않은가. 신정은 꼬랑지에 불붙은 송아지마냥 도망쳐 숲에 숨고 말았다.

암행어사의 잠자리는 어디든 개의치 않는다. 길 위에서 노숙하기도 하고, 민가의 헛간에서 쭈그려 자거나 주막의 봉놋방에서 열 명이 넘는 나그네들과 뒤엉켜 자기도 했다. 물론 역이나 원에서 잘 때도 있었고, 양반집이

191 갓
암행어사의 상징은 폐의파립(敝衣破笠)이다.
곧, 해진 옷과 부서진 갓을 쓰고 다녔다는 뜻이다.

박문수의 비석
문경 유곡역터에는 암행어사로 유명했던
박문수의 관찰사선정비가 세워져 있다.

나 관아에서 잘 때도 있었다.

　암행어사 신정은 숙소를 잡기 어려울 때는 길에서 잤다. 또 초가의 냄새나는 헛간에서 자기도 했다. 어느 집에서는 어린아이와 함께 잤는데, 이에 물려 밤새 잠을 설치기도 했다. 가끔 돌아보는 고을에 친분이 있는 사람을 만날 때도 있었는데, 그때는 신분을 감추고 느긋한 하루를 보낼 수 있었다. 이런 때는 편안한 잠자리는 물론 맛있는 음식을 푸짐하게 대접받기도 했다.

암행어사의 고충과 임무	암행 길은 벼슬살이를 하는 데 출셋길이고 영광의 길이지만, 황천길이기도 했다. 임지로 떠나는 도중에 얼어 죽거나 굶어 죽는 경우, 들짐승의 공격을 받는 경우, 산적에게 잡힐 경우도 있었다. 지역의 부정부패한 양반들과 잇속만 챙기는 현령들에 의해 암살당하는 경우 등 그 이유는 다양했다. 영조 때 홍양한은 암행 중에 갑자기 죽어 독살당했다는 소문이 돌았고, 순조 때 평안도에 갔던 암행어사 임준상도 갑자기 죽었지만 그 원인을 밝혀 내지 못한 일도 있었다. 이처럼 암행어사의 길은 힘들고 어려웠다. 그래서 조정에서는 실제 필요한 인원보다 많은 숫자의 암행어사를 선발하여 임지로 보냈고, 체력적으로 뛰어난 젊은 관원을 위주로 선발하였다. 　암행어사의 주된 임무는 삼정(전정, 군정, 환곡)의 문란을 살피는 일이었다. 전정(田政)은 토지에 세를 부과하여 거두어 모으는 것이고, 군정(軍政)은 군역(軍役)의 부과를 맡아보는 행정이다. 그리고 환곡(還穀)은 흉년이나 춘궁기(春窮期)에 빈민에게 곡식을 대여하고 추수기에 이를 환수하는 제도 및 그 곡식을 일컫는다. 　임금이 암행어사에게 유척을 하사한 이유는 지방 관청의 도량형을 확인하라는 뜻이었다. 유척은 지방 관청의 도량형이 얼마나 정확한지 판별하고, 잘못된 경우 이를 바로잡기 위한 표준자의 역할을 했기 때문이다. 이것은 들쑥날쑥한 도량형이 백성을 수탈하기 위해 악용될 여지가 많았음을 뜻하였다. 　암행어사로서 암행 길 중 가장 기쁠 때는 백성들의 입에서 지방 수령들의 칭송을 들을 때이고, 백성들이 진심으로 감사하며 세운 송덕비를 볼 때면 뿌듯했다.

암행어사 출두요!

암행어사는 신분을 감추고 변장하여 잠행, 민정을 살피고 정보를 수집하였다. 그런데 만일 수령 등의 비리 사실이 탐지되면 곧 출두를 행하여 그 신분을 밝히고 직무를 개시하였다. 암행어사가 직접 현장에 입회하여 좀 더 확실한 증거를 포착하기 위해 필요한 절차가 '출두'였기 때문이다. 출두 순서는 대략 다음과 같다.

암행어사는 해당 도내에 들어가서야 감찰할 읍명을 서리들에게 알려 준다. 그리고 이들을 몇 개조로 나누어 도내를 순회하면서 정보를 수집하게 한다.

출두할 때 시간적 제한은 없었다. 얼마든지 어사가 원하는 시간에 출두할 수 있었기에 밤낮을 가리지 않고 출두하였다.

출두 방법은 관아의 문을 대동한 하리나 역졸이 마패로 두드리면서 '암행어사 출두'를 소리치게 했다. 대도시에서는 누각에 올라가 출두를 부를 수도 있었다.

출두를 부르면 각 청사의 6방 이속이 관부에 모이게 되는데, 수령은 이들 이속을 대동하고 암행어사를 맞이해야 할 의무가 있었다. 암행어사는 군관의 호위로 아헌에 나타나 수령의 영접을 받으며 평소 수령이 앉는 대청의자에 천천히 걸어 올라가 착석하는 것이 일반적이었다. 사무를 볼 때는 뒤에 병풍을 치고 야간이면 등불을 밝혔다. 각방의 이속들은 좌우에 열립하여 예를 갖추었고, 관아의 문서들을 내놓으면 암행어사는 직무실에서 살펴보았다.

평안남도 암행어사 박내겸이 5월 13일 순안에서 출두하던 장면은 참으로 재미있다. 다음은 그의 일기 『서수록』에 쓰인 대목이다.

역졸들이 빠른 소리로 암행어사 출두를 한 번 외치니 사람들이 무리지어 놀아

피하는 것이 마치 바람이 날고 우박이 흩어지는 듯하였다. 우선 문루에 올라가 바라보니 온 성안의 등불이 모두 꺼지고 바깥문들이 빠짐없이 닫혔다. 계속되는 소리로 빨리 외치는데, 끝내 사람의 자취는 없었다. 내가 거느린 무리가 여기저기서 들어오는데, 관아 건물들은 비어서 사람이 없었다. 나도 오래 서 있기가 어려워 천천히 동헌으로 들어갔는데, 그 곳 역시 빈집이었다. 암행어사의 위엄과 서슬은 과연 이와 같은 것이었다.

5월 28일, 개천에서 출두할 때에는 그날이 장날이었는데도 사람들이 모두 도망가 버려 거리가 텅 비었다고 한다. 그리고 평양에서 출두할 때는 더욱 요란스러웠다.

대동문에 올라가 출두를 외치려는데, 누각 문이 닫혀 있자 역졸이 돌을 들어 문을 부쉈다. 역졸이 "암행어사 출두요!"라고 큰 소리로 한 번 외치니 성내가 온통 끓는 솥처럼 되어 사람과 말들이 놀라 피하는 것이 산이 무너지고 바닷물이 밀려드는 듯하였다. 평안도에 나온 이후로 으뜸가는 장관이었다.

그러나 모든 암행어사가 '암행어사 출두'를 거창하게 외치며 관아에 들어가지는 않았다. 조용하고 은밀하게 마패를 보여 주며 관아에 들기도 하였고, 관아에 들르지 않고 정보만 수집하기도 하였다.

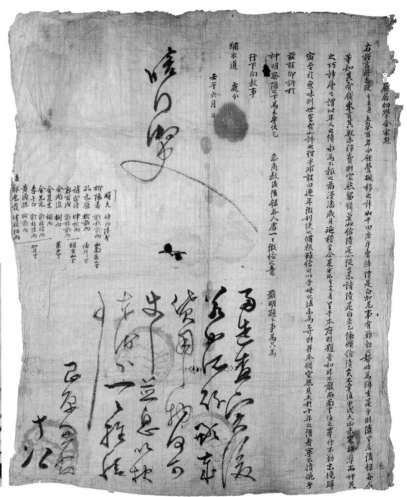

192 소지
암행어사에게 올린 소지이다.
암행어사는 별도의 관인이 없으므로 마패로 관인을 대신하였다.

* 소지(所志)는 예전에 청원이 있을 때 관아에 내던 서면(書面)으로 민이 관부(官府)에 올리는 소장(訴狀), 청원서(請願書), 진정서(陳情書) 등을 가리킨다. 일반 백성이 생활하는 중에 일어나는 모든 일은 소송(訴訟)·청원(請願)·진정(陳情) 등으로 나타나며, 소지를 통해서 이러한 일들에 대한 관의 판결과 도움을 요청한다.

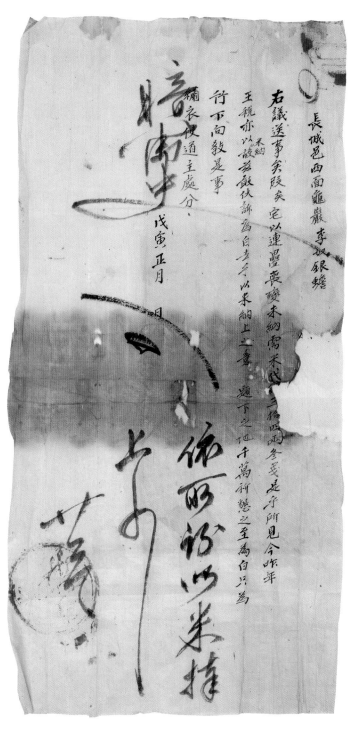

長城邑西面龜巖李奴銀蟾

右議送事矣段矣宅以連遭喪祭未納需米代二拾四兩參戔是乎所見今昨年
王稅亦以破蕩啟伏訴舊自意乎以米納上之事
題下乙旀千萬祈懇之至爲白只爲
符下向敎是事
稱衣使道主處分

戊寅正月　日

193 소지

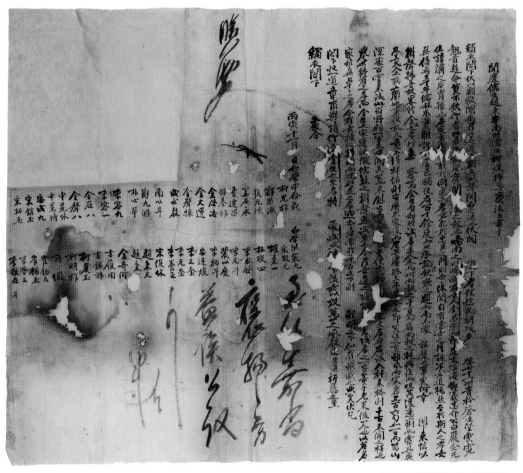

194 소지

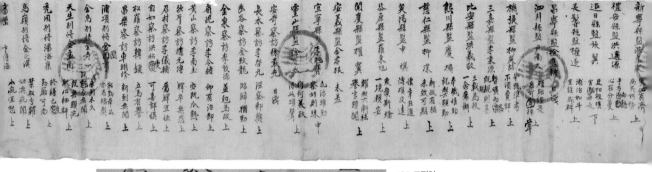

195 포폄안

경상도 지역에 내려 온 암행어사가
각 고을 수령과 찰방 등의 업무를
평가한 문서이다.

* '포폄'은 관찰사나 암행어사가 수령(守令)의 치적(治績)을 조사하여 보고하던 일로, '전최(殿最)'라고도 한다. 법적으로는 경관(京官)에게도
적용되는 것이었으나 대개 지방관의 경우를 일컫었다. 지방관이란, 백성을 직접 대하는 관원으로서 그 잘잘못이 백성들에게 큰 영향을 끼쳤
으므로 임명과 감독에 신중을 기하는 한편, 나쁜 지방관은 파면되기도 했다.

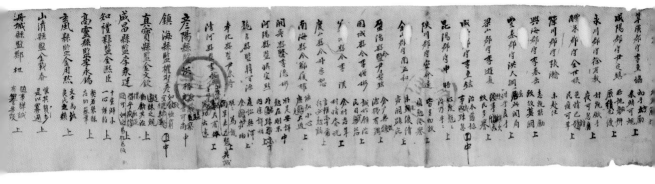

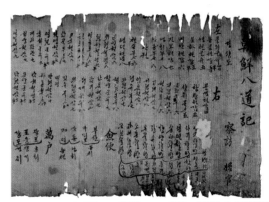

196 조선팔도기

조선 팔도의 부사, 목사, 군수, 현감, 찰방 등의 명단이
한글로 적혀 있는 귀중한 문서이다.

희망을 여는 살림길, '보부상 길'

보상과 부상

'보부상(褓負商)'은 취급하는 상품에 따라 '보상(褓商)'과 '부상(負商)'으로 구분하는데, 봇짐장수와 등짐장수를 말한다. 때로는 '부보상', '장돌뱅이', '장돌림'이라고도 부르며, 대개 5일마다 열리는 장을 돌며 물건을 사고팔았다.

'보상'은 '봇짐장수' 또는 '황아장사'라고도 불렸다. 물건을 보자기에 싸서 들거나 질빵인 '박다위'로 묶어 걸머지고 다녔다. 박다위는 등짐을 지거나 물품을 묶을 때 사용하던 끈이다. 종이나 삼 껍질로 만든 노끈을 짜서 옻칠하여 만들었는데, 봇짐이나 짐짝을 걸어서 메는 데 썼다. 보상들은 주로 부피가 작고 가벼우며 값이 비싼 물품을 취급하였는데, 포(布)·면(綿)·능(綾)·삼(蔘) 등이나 문방사우(文房四友)·금은동 제품·염낭·비녀 등의 장신구, 화장품류의 잡화 등이다.

'등짐장수' 또는 '돌짐장수'로 불린 '부상'은 상품을 지게에 얹어 등에 짊어지고 다니면서 판매하였다. '지게'는 주로 소나무로 만들었으며 운송 수단이 여의치 않던 시기에 가장 많이 사용한 운반 도구다. 그들이 취급한 물품은 어(魚), 염(鹽), 토기(土器), 목기(木器), 수철기(水鐵器), 죽세공품(竹細工品) 등이었는데, 비교적 부피가 크고 값이 싼 생필품을 다루었다.

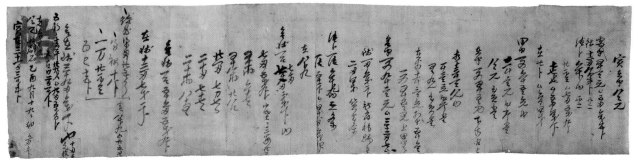

197 보부상 문서

198 보부상 문서

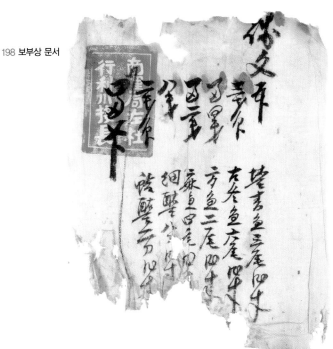

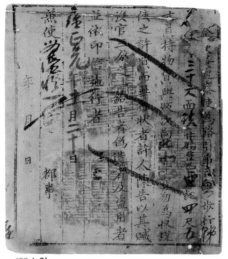

199 노인

조선 시대 관아에서 상인 등에게 발급한 여행 허가증이다.

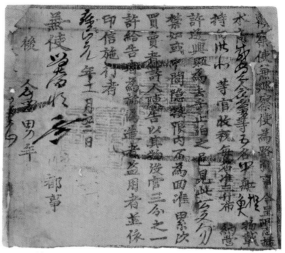

200 노인

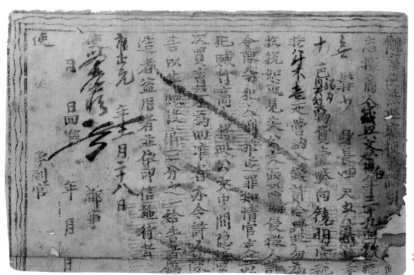

201 노인

* 노인(路引)은 조선 시대 관아에서 상인 등 일반 백성들이 국내에서 자유롭게 왕래할 수 있도록 하기 위한 '여행증' 또는 '여행 허가증'이다. 노인이 없는 행상의 상품은 몰수하였으며, 국방상으로 중요한 지역인 서북면의 여행은 더욱 어렵게 하여 이 방면의 여행자에 대한 노인법(路引法)을 별도로 규정하기도 하였다.

패랭이에 단 목화송이

보부상의 차림은 독특했다. 양반이 도포를 입고 갓을 쓰는 것이 상징이라면, 보부상의 상징은 단연 목화송이가 달린 패랭이였다. 패랭이는 대를 가늘게 쪼갠 댓개비로 만들며 대개 천민이나 보부상이 썼다. 처음에는 서민들뿐만 아니라 사대부도 함께 썼으나 점차 신분이 낮은 보부상, 역졸 등 천한 직업을 가진 천민들만이 쓰게 되었다.

천민이 쓰는 패랭이에는 아무 장식이 없고, 역졸은 흑칠한 것을 썼으며, 보부상들은 패랭이 위에 목화송이를 매달아 고정시켰다. 왜 보부상만 목화송이를 달았을까? 이 목화솜은 모양을 내는 장식이었으나 몸에 상처를 입었을 때 구급 처치 용도로도 사용하였다.

보부상들의 목화솜에 얽힌 이야기는 여러 곳에서 전해진다. 장수 시절, 적이 쏜 화살에 큰 부상을 입고 쫓기던 이성계는 등짐장수의 도움으로 살아남을 수 있었다. 또 병자호란 때 남한산성으로 피란 가던 인조가 부상을 당하자 솜 장수인 보부상이 치료해 주었다는 이야기도 전한다. 그 이후로 목화송이를 단 패랭이는 보부상의 신분을 나타내는 모자가 되었고, 패랭이의 목화는 은혜 받은 그들의 자부심이 담긴 상징물이 되었다.

202 패랭이
패랭이에 목화솜을 단 모습은
보부상의 상징이었다.

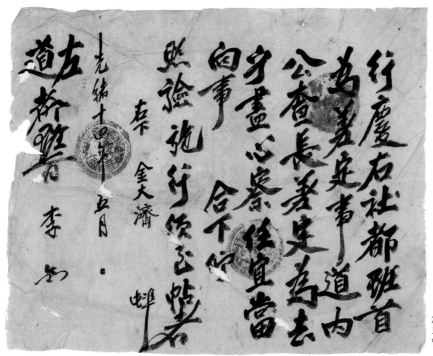

203 차정문
보부상에게 특정 업무를
맡기는 임명장이다.

204 차정문

나라를 지키려는 보부상의 활약

보부상의 목화솜은 유사시에 화약을 발파시킬 때에도 쓰였다. 보부상은 전국을 돌아다녀 지리를 잘 알 뿐만 아니라 결속력도 강하여 나라에 큰 일이 생기면 앞장서서 전장에 나섰다.

임진왜란 때, 행주산성이 포위되어 군량이 동나자 등짐장수들이 나타나 양식을 져 올리고 선봉에서 싸우다가 장렬히 전사했다. 다른 지역의 보부상들도 군수품 수송을 도맡아 스스로 나라의 수레바퀴가 되었다.

병자호란 당시 보부상들은 인조가 남한산성으로 피신할 때 식량을 나르고 성 방어에도 기여했다. 그들은 군자금을 내놓고 의용군으로 나서서 용감하게 싸웠다. 이때부터 나라에서는 보부상에 관심을 가지게 되었는데, 소극적인 유생 계층보다 충성심과 단결력이 월등한 이들에게 신뢰가 갔던 것이다.

정조 때에는 수원성을 지을 당시 삼남도접장이 부상들을 징발하여 석재·목재를 날라 다듬고 철기를 제련하여 장안문을 만들었으며, 병인양요 때도 문수산·정족산 전투에 동원되어 프랑스 군을 격파하는 데 앞장섰다.

보부상의 결속력은 대단했다. 위급한 상황이 생기면 '통문'을 보내어 결속하였다. 통문은 보부상 조직의 규모가 커지고 소속 임방(任房)의 숫자가 늘어나게 되자 임소(任所)와 임소, 임소와 임방 간에 효과적인 연락 방법이 발달하게 된 것이다. 그 중 하나가 '사발통문'이다. 대부분의 보부상들은 지리에 밝고 걸음도 빨라 보부상 조직의 정보 소통 능력은 매우 뛰어났다. 이 점을 활용해 나라에서도 보부상을 동원한 것이다.

한성부에서 8도의 도접장(都接長)을 차출하면 '도서(圖書)' 또는 '험표(驗標)'라고 하는 일종의 신분증을 발급하여 보상의 신분을 보장하였다. 조정에서는 부상의 충의정신과 협동정신을 가상히 여겨 관리로 하여금 그들을 함부로 침해하지 못하게 하는 동시에, 그들에게 어염(魚鹽)·수철(水鐵)·토기(土器)·목물(木物) 등을 판매할 수 있는 전매특권을 부여하여 안전한 상업을 영위하게 했다. 그들은 천민이지만 천대 받지 않았고, 충성이 두터운 선비의 위용을 나타냈다.

이성계와 백달원, 그리고 물미장

보부상의 또 다른 상징물은 '지게'이다. 운송 수단이 여의치 않던 시기에 등짐장수가 가장 많이 사용한 운반 도구는 지게였다. 지게는 주로 소나무로 만든 쪽지게였는데, 처음부터 사용할 사람의 체구에 맞도록 제작했다.

손에 쥐는 작대기는 농부들이 사용하던 것과 달랐다. 나무막대기 끝에 촉이 달려 있어 '촉작대', '물미작대기', '물미장'이라고도 하였다. 보통 지게 작대기는 윗부분이 Y 자형태로 생겼는데, 물미장은 Y 자처럼 분기된 부분이 없고 아래쪽이 뾰족한 쇠로 되어 있다. 바로 이 물미장에도 재미있는 이야기가 전해진다.

이성계가 함경도 만호(萬戶)로 있을 때의 일이다. 이성계는 여진족과의 전투에서 적이 쏜 화살에 머리를 맞았다. 큰 부상을 입고 적군에게 쫓기게 되는데, 마침 황해도 토산군(兎山郡)에 거주하던 백달원이 그 모습을 보게 되었다. 죽립(竹笠)을 쓰고 지게를 지고 가던 그는 이성계를 지게에 싣고 달아나 위기에서 벗어날 수 있었다. 이성계가 조선을 건국한 뒤, 백달원이 전국적인 보부상을 조직하는 데 큰 힘이 되었음은 자명한 일이다. 이성계는 백달원에게 임금을 상징하는 용을 조각한 지팡이를 하사하였다. 이후 물미장은 조선 시대 상민(商民)의 우대 징표가 되었고, 그들에게는 자긍심의 상징물이 되었다. 이후 물미장은 용의 문양을 새겼다 하여 '용장(龍杖)'이라고도 부른다.

그 외에도 백달원은 태조 즉위 후 석왕사(釋王寺) 증축 때 동료 80인을 인솔해 자재와 식량을 운반하였다. 또 삼척군에 있는 오백 나한(羅漢)을 안전하게 옮겨 주어 태조가 그 공로를 가상히 여겨 개성 발가산(發佳山)에 임방을 두고 옥도장을 하사했다는 이야기도 전한다. 여러 정황으로 보아 조선 초기 부상단을 세운 것은 바로 백달원이었고, 이것은 이성계와의 여러 인연에 의한 것임을 알 수 있다.

물미장과 함께 목화송이 두 개를 단 패랭이. 보부상의 소박한 차림새 속에는 이와 같은 눈부신 활약상이 깃들어 있었다.

생명과도 같은 신뢰, '어음'과 '수표'

조선 후기 보부상의 활동 범위는 다양했다. 거주지를 중심으로 인근 장시를 돌며 5일장마다 돌아오는 사람이 있는가 하면, 한두 달 장사에 나섰다가 오거나 설이나 추석 등 명절에나 돌아오는 사람도 있었다. 심지어 정월에 떠나 연말에 돌아오는 사람도 있었다.

그들의 발길은 전국 방방곡곡 거치지 않는 곳이 없었다. 그러다 보니, 지리지와 지도는 그들에게 필수품이었다. 멀리 떨어진 지역으로 이동할 때는 장승이나 돌무지, 비석, 정자목, 성황당 등이 이정표가 되었으나 이것은 막연한 방법이었다. 그래서 구체적인 일정과 노정은 지리지나 지도를 활용하였다. 지도에는 각 지역의 자연환경과 생활 풍속이 속속들이 담겨 있어 보부상들에게는 생활의 나침반이었다.

그런데 이렇듯 불안정한 생활을 하면서도 보부상들이 장기간 장터를 순회한 이유는 무엇일까? 그것은 조선 후기에 상업이 발달하면서 화폐 교역이 일반화되었고, 동전을 대신할 수 있는 수표가 통용되었으며, 임치표나 어음 등을 사용하는 신용 거래가 이루어졌기 때문이다. 보부상 거래 수표는 돈을 주기로 약속한 표다. 채권자와 채무자가 지급을 약속한 표시를 가운데에 적고, 한 옆에 날짜와 채무자의 이름을 적어 수결이나 도장을 찍은 후 한 쪽씩 나누어 가졌다.

문경의 옛길박물관에는 문경읍 조령원터에서 출토된 사금파리어음이 소장되어 있다. 토기 조각과 도자기 조각을 숫돌 등에 둥글게 갈아서 만든 이 어음은 약속된 언약에 따라 신뢰를 바탕으로 주고받은 서로 간의 징표였다. 이처럼 보부상들은 신용을 생명과도 같은 제일의 가치로 여겼던 것으로 보인다.

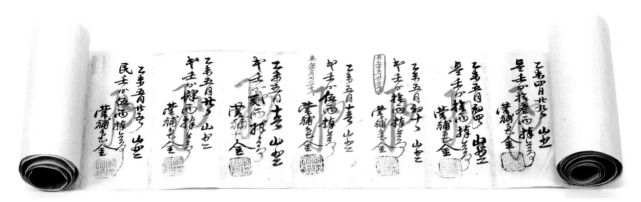

205 **어음** 보부상이 사용하던 어음

206 **신용공지**
어음처럼 사용하기 위한 신용장으로, 상무사에서 인쇄한 양식이다.

207 사금파리어음
문경새재 조령원터에서 발굴된 유물로,
사금파리 · 토기 등을 둥글게 갈아 어음으로 사용했다.

208 숫돌
사금파리를 갈았던 흔적이 보인다.
문경 조령원터 출토

209 수표
보부상이 사용하던 문서이다.

210 수표

211 수표

보부상의 끈끈한 동지애

보부상들은 마을마다 순차적으로 개장하는 5일장을 떠돌던 행상들이다. 늘 돌아다니기에 일정한 거처가 없는 경우가 대부분이었고, 가족이 없는 이도 있었다. 따라서 큰 일을 겪게 될 때 옆에서 도와줄 사람이 없다는 것은 이들에게 큰 부담이었다. 더욱이 사후에 자신의 제사를 모셔 줄 자식이 없으니, 자신의 삶이 서글프다는 느낌을 받을 만했다.

그래서 아픈 이를 돕고 연고 없이 죽은 이의 장사를 지낸다는 '병구사장(病救死葬)'은 보부상 조직 사이에서 중요한 불문율이었다. 반수와 접장 등 조직의 윗사람을 친아버지같이 존경했으며, 아랫사람은 자신의 아이를 대하듯 정성들여 보살폈다. 이것은 그들의 조직을 튼튼하게 만드는 커다란 힘이자 근원이었다.

장시를 떠나는 길에서 서로 만나면 그들은 서로 통성명을 나눈 후, 옷을 바꿔 입기도 하였다. '옷 바꿔 입기'는 더불어 살아가면서 일체감을 표시하는 행위였다. 혈연 이상의 일심동체를 다지고, 동무의식과 의리를 표시하는 행동이었던 것이다. 어려운 역경 속에서도 서로를 위로하며 주막에서 대포 한잔 마시고, 험한 고갯길을 오르며 타령을 흥얼거리던 그들에게 신의와 상도는 목숨만큼 중요했다.

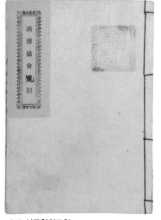

212 상무협회규칙
보부상들의 조직을 관장하는 기관인 상무협회의 조직과 편성, 각종 규칙, 지방 조직 등을 수록한 책이다.

213 인장함
각종 관인과 직인, 봉인 등을 넣어 놓았던 함이다.

214 봉인
물품을 포장하고 함부로 뜯지 못하도록 도장을 찍었다.

보부상은 '보부상단(褓負商團)'이라는 독자적인 조직체 안에서 상권의 풍속을 계승해 왔다. 그들은 객주와 거간, 생산자와 농민과 어민을 만나면서 특정 지역을 중심으로 교역 활동을 했다. 대표적인 보부상단은 개성의 보부상인 '송상(松商)', 의주의 보부상인 '만상', 평양의 보부상인 '유상', 부산 동래의 보부상인 '내상', 함흥과 길주·북청·원산 등지의 보부상인 '북상'이 있다. 물론 모든 보부상들이 보부상단에 가입하는 것은 아니었으며, 대부분의 행상들은 여전히 이 마을 저 마을 장시 따라 홀로 도는 장돌뱅이였다.

보부상의 규율은 엄격했다. 보부상이 가지고 다니는 일종의 신분증 '험표'는 신분 증명뿐만 아니라 보상 혹은 부상으로 해당 지역 내에서 상행위를 허가한다는 징표이기도 했다. 규율이 엄격한 만큼 형벌도 가혹했는데, 죄의 경중에 따라 형벌의 정도가 달라짐이 보부상 조직의 공문서인 '절목'에 명시되어 있었다. 돌이킬 수 없는 큰 잘못을 한 경우 '장문형(杖門刑)'이라는 형벌로 다스렸다. 촉작대를 세우고 그 사이에 줄을 늘어뜨려 묶어 문(門) 형태로 장문을 만들고 그 안에 '멍석말이'라 부르기도 하는 무자비한 태형이 집행된다. 장문형이 끝날 때까지는 그 누구도 장문을 넘어서거나 무너뜨리지 못했다. 이는 조직의 결속과 외부로부터의 신뢰를 받기 위한 철저한 조직 관리였다.

보부상,
엄격한 규율로
조직을 이끌다

백두대간 고갯길은 조선 최대의 이동로

백두대간 고갯길은 과거를 보려는 유생들만 넘나들 것이 아니었다. 수많은 소금, 북어, 소 떼, 목기, 옹기 등 경제적 재화들이 차익을 쫓아 고개 양사면을 무수히 넘나들었다.

그 중 문경새재는 예로부터 교통의 요충지였다. 한양과 동래를 잇는 영남대로의 중심에 있었기 때문에 사람들로 늘 붐볐다. 관찰사의 부임 행로가 이곳이었음은 말할 것도 없고, 경상도 70여 개 군현의 수령, 특명을 받고 파견되는 암행어사나 각종 특사, 일본을 왕래하는 사신(使臣)과 그 수행원 등이 대부분 이 길을 통과하였다. 서울에 과거시험을 보러 가는 사람, 서울에서 벼슬하다가 고향으로 돌아오는 사람, 왕실에 올릴 각종 특산물과 선물을 운송하는 사람, 유배객이나 죄수를 호송하는 사람, 기타 각종 여행객과 보부상 짐꾼 등 별 사람이 다 있었다.

특히 '충주-유곡'에는 조령과 토끼비리 등 험로가 존재하고, '밀양-양산' 구간에는 작천·황산천 등이 있어 수레 이용이 불가능했기 때문에 보부상의 활약이 더욱 중요했다. 그러므로 문경새재는 경상도와 충청도를 잇고 한양까지 나아가는 보부상 길이었다.

울진 십이령 보부상 길은 '쇠치재-바릿재-새재-너삼밭재(저진치)-너불한재-한나무재(작은넓재)-넓재(큰넓재)-꼬치비재-곧은재-막고개재-살피재-모래재'로, 옛 보부상들이 울진의 흥부장·울진장·죽변장에서 해산물을 구입하여 봉화·영주·안동 등 내륙 지방으로 행상을 할 때 넘나들던 열두 고개를 말한다.

십이령길 성황당
십이령 고갯길에 위치한
'조령성황사' 전경

태백준령을 넘는 이 고개들은 험하고 깊어 밤에는 넘지 못했고 낮에도 맹수나 도적의 출몰로 많은 피해를 입어 주막에 모여 하룻밤을 자면서 큰 무리를 지어 넘었을 정도다. 이 과정에서 앞선 사람과 뒤따르는 사람을 확인하고, 맹수나 도적들에게 위세를 보이기 위해 노래를 부르기도 했다.

미역소금 어물지고 춘양장은 언제 가노
대마담배 콩을 지고 울진장을 언제 가노
반평생을 넘던 고개 이 고개를 넘는구나.

한양 가는 선비들도 이 고개를 쉬어 넘고
오고가는 원님들도 이 고개를 자고 넘네
꼬불꼬불 열두 고개 조물주도 야속하다.

가노 가노 언제 가노 열두 고개 언제 가노
시그라기 우는 고개 내 고개를 언제 가노.
　－〈십이령가(十二嶺歌)〉, 경북 울진 지방 민요의 일부분

보부상을 위한
송덕비

'울진–봉화'의 보부상 길은 소설 『객주』의 배경으로도 나온다. 『객주』는 길바닥을 떠도는 보부상들이 주인공이다. 이 보부상들은 울진의 온갖 해산물을 등에 지고 산을 넘어 경북 내륙으로 가져가 팔았다. 그리고 경북 내륙인 봉화에서 농산물을 가져와 해안 지역에 공급하였다. 무거운 짐을 진 채 울진에서 봉화까지 150리 길을 넘어간 것이다. 보부상의 애환이 깃든 이 보부상 길은 조선 후기 이 지역의 유일한 장삿길이었고, 내륙의 백성들과 해안의 백성들이 생필품을 구하는 유일한 통로였다.

보부상 길 입구에는 '울진내성행상불망비(蔚珍乃城行商不忘碑)'라는 송덕비가 두 개 있다. 돌이 아닌 쇠로 만든 기념비이다. 1890년경 보부상들의 최고 지위격인 접장 정한조와 반수 권재만의 은공을 기리고자 세운 것이다. 그렇다면 마을 사람들은 왜 천민인 보부상을 위해 송덕비까지 세웠을까? 울진에는 보부상이 정착했던 터가 남아 있다. 떠돌기만 하던 장돌뱅이들에게 정착촌은 큰 의미를 지닌다. 그들은 자신들의 정착촌에서 평화로운 이상향을 꿈꾸었다. 그리고 서로 나누며 살았는데, 특히 가난한 이웃을 위해 애썼다고 한다. 두 개의 비는 그 은덕을 기리기 위해 세운 것이다.

희망을 지고 날랐던 보부상의 살림길

길 위에서 평생을 살아야 했던 보부상, 그들은 전통사회에서 물건을 파는 부류 중 가장 활발한 상인이었다. 생산자에게서 물건을 떼다 지방 시장을 돌아다니며 소비자에게 직접 물건을 팔았다. 보부상들은 전통사회에 시장을 중심으로 봇짐이나 등짐을 지고 생산자와 소비자 사이에 교환경제가 이루어지도록 중간자 역할을 했던 전문적인 상인이었다. 하지만 그들은 단순히 물건을 팔아 이윤을 얻는 데만 그치지 않았다. 상층문화와 하층문화, 중앙문화와 지방문화를 이어 주는 고리 역할을 하면서 계층 간, 지역 간 문화 교류의 중추적인 역할을 했다.

장돌뱅이 보부상의 발걸음은 전국 각처에 닿지 않는 곳이 없었다. 각각의 장시를 연결해 주는 행상의 활동은 조선의 교통로를 발전시켰다. 애초에 행정과 군사 목적으로 만든 간선도로는 장돌뱅이들의 고된 발걸음으로 일상의 도로가 되었다. 그들은 또 새로운 도로를 개척하기도 하였으며, 그들이 다니는 도로변에는 주막촌을 형성시키기도 하였다. 또 그들은 나라가 위급하면 사발통문을 전하며 가장 앞서 달려 나와 자신들의 목숨을 내놓았다.

길과 뗄래야 뗄 수 없는 사람들, 그들은 무거운 짐을 지고 산 넘고 물 건너 팔도강산을 떠돌아다녔으나 이문만을 쫓아다닌 얄팍한 장사꾼만은 아니었다. 전국 팔도를 돌아다니며 문물과 문화를 교류했던 메신저이며, 나라의 위기 때마다 '용장'을 휘두르며 맨 먼저 달려갔던 충의의 사도였다. 삶의 온갖 고초를 겪으면서도 나라와 가족을 위해 짐을 졌던 보부상들. 그들이 부르튼 발로 걸었던 이 길은 내일의 복된 꿈을 이고 지고 날랐던 희망의 살림길이었다.

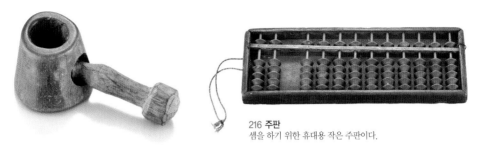

216 주판
셈을 하기 위한 휴대용 작은 주판이다.

215 끈조이개
박다위를 조일 때 사용하였다.

217 박다위
짐을 묶을 때 사용한 멜빵 끈으로,
종이 · 말총 등으로 만들었다.

218 박다위

219 연지벼루
화장용 연지를 넣어두는 벼루로, 위원석에
조각하여 놓았고 대추나무로 갑을 만들었다.

220 · 221 선추
부채 끝에 달아놓은 장식으로, 작은 패철이 들어 있다.

222 화장솔
연지 등을 바를 때
사용하던 솔이다.

223 뒤꽂이
쪽 찐 머리 뒤에
덧꽂아 장식하였다.

224 경대
거울이 달려 있는 화장대로, 보부상들의
거래 물품 중 하나였다.

225 빗첩
빗이나 화장용 소품 등을 넣어 두었던 상
자이다.

（許不製複）（俗112）　The Department Store of Korea.　雜　貨　舖（俗風鮮朝）

市塲の雜踏

Custom in
Chosen.

朝鮮・路上の所見
やきつけるやうなさし暑いに一トンネと片
の席を根もてし雜然たる市が開れか、だきさしものも一トンネと片
上に買る、値さき輪が廻るかけ。

STREET-TRADER FREQUENTLY FOUND, CHOSEN.
露面の人商天露 【朝鮮風俗】

（イ243）　　　Sandals Snop.　　藁靴店　（朝鮮風俗）

226 구한말 시장 풍속을 보여 주는 엽서

조선 시대 선비들의 여행길

　　조선 선비들은 인격 수양의 한 방편으로 시(詩), 서(書), 화(畵)를 즐기고 수려한 자연경관을 찾아 여행을 하였다. 경치가 좋은 곳에서 공부하는 것을 원하다 보니 관리들은 자연경관이 수려한 곳에 벼슬자리를 얻는 것이 선망의 대상이었다. 조선 시대의 대학자 이황 선생은 벼슬길에 오르라는 왕명을 30여 차례 거절한 것으로 유명한데, 유독 경치가 좋은 단양 군수 직책은 받아들였을 정도다. 이황은 구담봉의 장관을 보고 "중국의 소상팔경이 이보다 나을 수는 없을 것이다."라고 극찬했다. 또 당시 '백암산'이라 불리던 금수산을 그 경치가 비단에 수놓은 것처럼 아름답다 해서 이황은 '옥순봉'으로 개칭, 오늘날까지 불리고 있다. 송강 정철은 강원도 관찰사로 부임하면서 동해안을 따라 관동 지역 명승지를 구경하며 「관동별곡(關東別曲)」을 지었는데, 오늘날 가사문학의 백미로 불리고 있다.

　　그렇다면 수백 년 전 조선 선비들은 여행을 어떻게 준비하고 떠났을까? 여행 준비물에서 제일 먼저 챙겼던 것은 종이·벼루·먹 등의 도구와 옷·

이불·베개·방석 등이었다. 뿐만 아니라 여행 중 독서할 서적은 물론 이미 그 지역을 여행한 사람이 작성한 유람록과 지도, 즉 『수친서(壽親書)』, 『양로서(養老書)』와 같은 여행지침서를 참고하여 여행 준비물을 갖추었다. 비상 음식으로는 대개 미숫가루와 꿀 등이었다.

정구(鄭逑)는 1579년 9월 10일 가야산 유람을 떠나면서 쌀 한 말, 술 한 통, 반찬 한 합, 과일 한 바구니와 책 몇 권을 꾸려 나섰다. 방랑자 김시습(金時習)이나 가난한 선비들의 경우는 사내 종만 데리고 가기도 했다. 또한 조선 최고의 방랑시인 김삿갓(김병연)은 홀로 세상을 등진 처연한 모습으로 조선 팔도를 내집처럼 돌아다니며 많은 기행과 시를 남겼다. 하지만 대부분 선비들은 산수를 유람할 때 짐을 나르는 하인과 가마꾼의 도움을 받았다. 심지어 기생을 데리고 유람을 떠나기도 했다. 지방관이나 권세가 있는 사람들은 대부분 노새나 암말, 담여를 타고 여행을 다녔다. 산 밑에 이르러서는 젊은 승려들이 메는 담여에 올라 산허리까지 이르고, 산중에서는 승려가 길 안내를 맡아했다는 기록으로 보아, 유교 국가에서 젊은 승려들은 양반들 유람에 일꾼으로 동원되었던 것 같다.

선비들의 여행 중 먹고 자는 문제는 사대부들의 경우 객사 등의 숙소를 이용하고 역이나 원에서 머물렀다. 때로는 지인의 도움을 받기도 하고 촌민의 집을 빌려서 숙식을 해결했다. 산행의 경우 사찰에 묵거나 노숙을 하는 경우도 많았다.

아무튼 교통이 좋지 않고 숙식이 불편했던 시절이지만 조선 선비들은 산수를 벗삼아 여행하기를 좋아했다. 풍광이 수려한 곳을 찾아 시를 짓고 산문을 쓰며, 더 나아가 산수를 화폭에 담아 기록으로 남겼다. 더러는 자신이 보고 느낀 것을 화공에게 그리게 하여 화첩을 만들어 곁에 두고 여행에서 만난 감흥을 떠올렸다. 수려한 자연을 닮아 선비로서의 위치를 다시금 생각하며 재충전의 계기로 삼고자 했던 선비정신이 엿보인다.

遊松都錄序
大乘寺 春椘

蘇頲嘗論文者氣之形孟子善養浩然之氣司馬遷遠遊
以壯其志故其文有竒論鴈鶩爲赤欲氣大觀以壯
其氣則覽終華之字嘗購黃河之韩故及覩京師宮闕之壯麗
人物歐韓之俊偉迷後乃曰未下之交章盡在是矣馬子才亦
口子長之文不在書在學耶而學文乃腐熟常爾耳子
寧以為蘇馬二子深得子長之遺意呼後世大軍之士不
為則已為則捨軻何未就令鼕权孝之子珠獻之大
虘諸君子皆一時之巨擘其立志豈下於軻遷蘇
馬若子軻遷蘇生不同時精神不相欺議論不相長猶之
以相起於千百載之間諸君子生逢好之主恩許軆暇盡讀
天下書精神議論既已緊長亦将大肆於文章馳騁凌轢逵古

227 유송도록
개성 일대를 여행한 기행문으로,
문경 대승사 소장 장서였다.

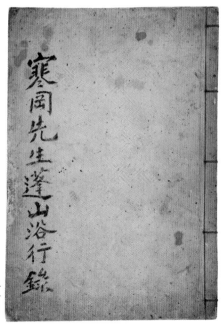

寒岡先生蓬山浴行錄

萬曆丁巳七月二十日晴鷄三鳴寒岡先生
以肩輿發行昧爽至枝巖前乘艖荅夢硯郭
永禧李天封李奉英李澗雨襄尚龍李命龍
栁武龍李蘭貴李肇鄭天渦從遠城伯李
燁（一作燁）入船拜辭而下朴志胤李大雨都聖
俞李穆李綜李偷金鎣一作李興雨李道昌
等拜辭于舡頭舡則道東院舡也院長郭赸
前期粧理於數日之內而極其精緻亦見其
誠意也使郭慶繁郭揚馨等乘其舟湖流而

228 한강 선생 봉산욕행록
한강 정구 선생이 동래 온천에 요양한
노정을 상세히 기록하여 놓았다.

229 **운통**

230 **시집**
수진본으로 제작된 한시집으로,
두율 · 당율 · 당절 · 염아 · 시운 등이 묶여 있다.

* 운통은 한시를 짓기 위해 댓가지에 운자(韻字)를 쓰고 보관할 수 있도록 만든 통이다. 남이 지은 한시에 화답하거나 그 운자를 따라 한시를 짓는다. 운자 댓가지가 나올 수 있도록 운통 상부에 구멍이 뚫려 있고, 백동으로 화형 바탕에 고리를 달아 끈을 꿸 수 있도록 만들어 허리춤에 차고 다녔다. 둥근 대통을 팔각으로 다듬어 모양새를 냈다.

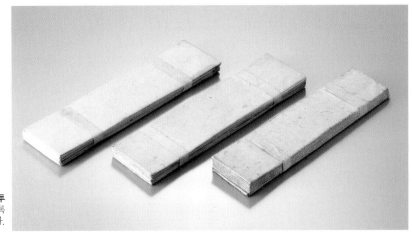

231 서간지와 봉투
편지를 보낼 수 있도록
서간지와 봉투가 함께 있다.

232 **먹통** 여행 시 먹물을 담을 수 있도록 만든 먹물 통이다.

233 **먹통**

234 **행연**

235 **행연**

236 **행연**

237 **행연**

234~237 **행연** 선비의 여행에 필수품이라고 할 수 있는 여행용 벼루

238 **패철**
여행자들이 방향을 잡고 시간을 잴 수 있었다.

* 패철은 '나침반'을 말한다. 자침을 활용하여 집터(陽宅) 또는 묏자리(陰宅)를 잡거나 여행자들이 방향을 잡을 수 있고 시간을 잴 수 있는 나침반이다. 중심에 지침을 두고 여러 개의 동심원에 음양과 오행, 팔괘, 십이지, 24절후가 조합을 이루며 배치되어 있다. 땅의 형세를 보는 풍수가나 지관들에게 가장 중요한 기구로 사용된다. 풍수가들의 필수품이라 주머니에 넣어서 차고 다니기 때문에 '패철'이라고 부른다.

239 갈모와 갈모테
외출할 때 비가 내리면 비에 젖지 않기 위해
갓 위에 덮어쓰는 비 가리개

* 갈모는 작은 우산 모양의 비 가리개로, 갓 위에 덮어쓰는 것을 말한
다. 비가 스미지 않도록 기름먹인 종이로 만들었다. 위가 뾰족하고 아
래는 둥그스름하게 퍼져 있어 펼치면 고깔 모양이 되고 접으면 홀쭉해
서 쥘부채처럼 된다. '갓모(笠帽)' 또는 '우모(雨帽)' 라고도 부른다.

조선 선비들의 마음 수행, '등산'

'선비' 하면 의관을 정제하고는 뒷짐을 지고 천천히 팔자걸음으로 산세가 수려한 자연경관을 유유자적 걷는 것을 연상하게 된다. 그런데 조선 선비들의 여행은 길 좋고 수려한 경관이 있는 장소만 선택하는 것은 아니었다. 선비들이 즐겨 찾았던 산은 오늘날에도 유명한 백두산, 한라산, 금강산, 지리산, 오대산, 묘향산, 속리산, 가야산, 청량산 등이 인기가 있었다. 조선 선비들은 산행을 통해 스승과 제자들이 회합하면서 학문과 현실을 토론하는 시간도 갖고 산행에서 느낀 감흥과 머릿속에 떠오른 생각들을 담아 기행문으로 남겼다.

1558년 첫여름, 조식(1501~1572년)은 제자들 일행과 함께 지리산 여행을 떠났다. 유학자 조식의 『두류산유람록』을 보면 각자 초립을 쓰고 지팡이를 짚고 짚신을 미끄러지지 않게 동여매고는 산을 올랐다는 기록이 있다. 조식은 산을 오르는 데만 만족하지 않았다. 지리산 곳곳의 유적들을 보고 역사 속 인물들을 떠올렸고, 세금이 무거워 백성들이 고통을 받는 현실을 기록으로 남겼다. 산행은 선비로서의 위치를 다시금 생각하게 하는 재충전의 계기가 되었던 것이다. 기행문의 말미에서 조식은 지리산 산행을 떠난 것이 11회나 된다고 하였다. 오늘날 아무리 산을 좋아한다 해도 지리산을 열한 번이나 간 사람은 드물 것이다. 그만큼 지리산 산행은 한여름의 피서지로서 제자들과 끈끈한 유대 관계를 확인시켜 주는 공간이었으며, 사회의 모습을 가장 가까이 볼 수 있는 기회였다.

조식의 『두류산유람록』, 남효온의 『금강산유람기』, 김창흡의 『오대산기행』, 채제공의 『관악산유람기』 등 산행의 감흥을 기록한 선비들의 기행문은 문집 속의 기록으로 남았고, 현재는 번역되어 전해지고 있다.

한라산과 같이 지리적으로 먼 곳은 임지로 나가 있는 제주목사나 영산에 산신제를 지내기 위해 제주도에 온 관료들이 등반한 경우가 종종 있었다. 1841년 한라산에 오른 이원조 목사는 "등산은 도를 배우는 것과도 같다."고 할 정도로 한라산 등산에 대해 상당한 의미를 부여하고 있다. 일행은 하인 몇 사람과 기병·제주의 유생 등이 함께했는데, 말과 가마를 번갈아가며 타고서 백록담을 올랐다고 한다. 백록담에서 뽑혀 나갔다는 산방산 전설이나 영실과 관련된 이야기를 익히 들었다는 내용으로 보아, 미리 한라산에 대해 공부를 하고 산행에 나섰음을 알 수 있다.

조선 선비들의 로망 '금강산'

조선 선비들이 가장 가고 싶고 순례를 하듯 생전에 한 번은 가야 했던 산이 바로 '금강산(金剛山)'이다. 진경문화를 이끌어 가던 율곡 학파들은 '금강산은 음양이 이상적으로 조화된 세계에서 가장 신성한 땅'으로 높이 평가했다. 그래서 물성(사물의 성질)을 따지는 성리학자들은 이 금강산을 순례길처럼 여겼다. 심지어 관료들은 휴직을 하거나 이런저런 핑계를 대고 쉬면서까지 금강산 여행을 떠나고자 했다. 따라서 금강산 그림은 조선 선비들에게 최고의 선물이었다.

여유가 있는 선비들은 화가를 대동하고 금강산 유람을 떠나 화폭에 담아 두고두고 감상하였다. 선비들에게 인기가 있었던 '금강산'은 조선 시대 화가들에게 최고의 산수화 터전이었다.

〈진경(眞景)산수화〉로 유명한 조선 후기의 화가 겸재 정선(鄭敾, 1676~1759년)은 여행을 즐겨 전국의 명승을 찾아다니면서 그림을 그렸다. 겸재는 36세에 처음 금강산을 만나고 84세로 세상을 떠날 때까지 근 50년 동안 가슴에 금강산을 담고는 금강산 노정을 화폭에 담아냈다.

250여 년 전, 겸재가 금강산을 따라가며 화폭에 담은 그 노정을 따라가 보자! 서울에서 출발하여 영평 화적연, 철원 삼부연을 거쳐 금화 백전, 금성 파금정을 지나 단발령에 올라서서 금강산 일만 이천 봉을 바라본 다음, 내 금강 초입인 장안사를 거쳐 내금강을 두루 살피고 안문재를 넘어 외금강으로 해서 고성으로 나가 해금강을 보고 관동팔경을 오르내리는 여행이다. 겸재는 금강산 가는 길의 명승을 화폭에 담아냈는데, 오늘날까지 전해 오고 있다. 그가 그린 금강산 그림 가운데 72세에 완성한 〈금강내산(金剛內山)〉은 금강산 일만 이천봉의 암봉을 마치 한떨기 흰 연꽃송이처럼 화폭에 담아내 진경산수의 결정체로 평가된다. 정선은 기이한 산천의 모습이나 안개 낀 풍경 등 머리로만 상상한 경치를 그린 관념 산수화에서 벗어나 우리 산천을 직접 보고 그린 〈진경산수화〉를 완성했다. 그만큼 우리나라 산수가 아름답다고 할 수 있다. "정선에 와서야 우리 산수화가 개벽되었다."는 같은 시대 화가 조영석의 말처럼, 그는 조선 300년 산수화의 전통을 깨고 새로운 경지를 개척해 낸 천재 화가다.

조선 시대의 화가 단원 김홍도는 풍속화로 유명하지만 전국의 명승을 찾아다니며 그림을 그린 대표적인 화가다. 기록에 따르면 단원은 1788년에 왕명으로 금강산 등 영동 일대를 여행했다. 그리고 그 지역의 명승을 수십 장(丈)이나 되는 긴 두루마리에 그려 바쳤다고 한다.

이처럼 금강산을 보고 느낀 감흥을 시와 그림으로 남긴 선비들과 화가들은 수도 없이 많았다.

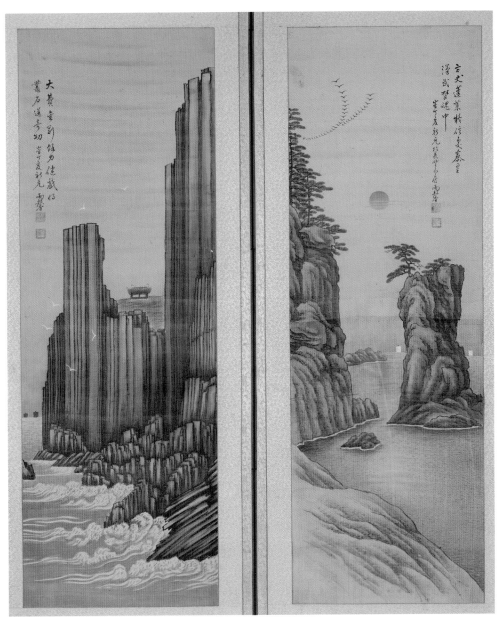

240 금강산 병풍
총석정을 비롯한 금강산의 모습이 아름답다.

241 점필재 선생 문집
점필재 김종직 선생의 문집에는 지리산 여행기가 실려 있다.

242 목재집
문경 출신 홍여하 선생의
문집에는 금강산을 여행한
유풍악기가 실려 있다.

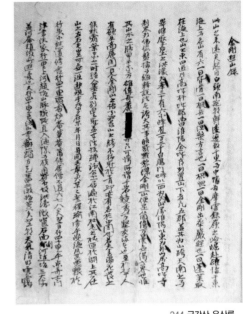

243 산수노정록

244 금강산 유산록
금강산은 조선 선비에게 최고의 여행지였다.

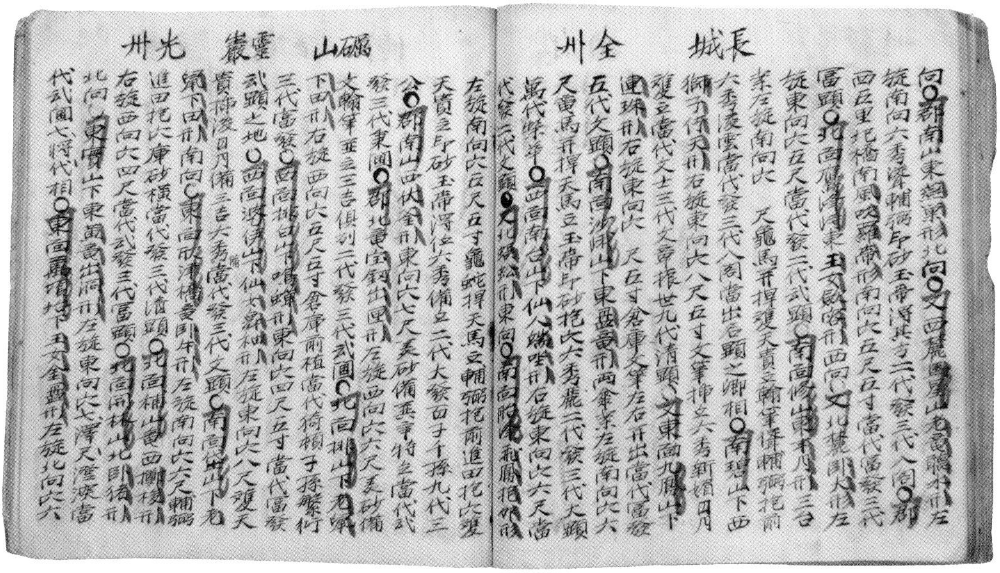

245 **팔도산수록**

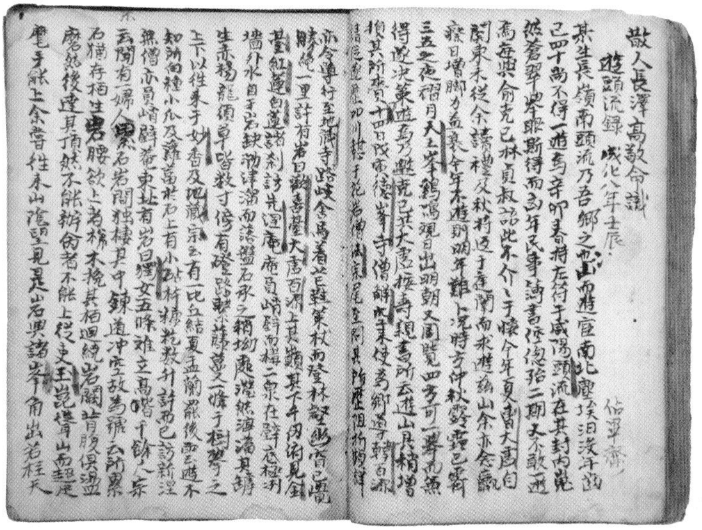

246 **팔도명산기**

조선 최고의 여행가, '옥소 권섭'

조선 시대 여행을 떠났던 선비들의 기록들을 한자리에 모아 놓은 자료를 옛길박물관에서 만날 수 있다. 특히 이 곳에서 눈길을 끄는 것은 조선 최고의 국내 여행서라고 불러도 손색 없는 옥소 권섭의 저서『유행록』이다. 우선, 그가 쓴 여행서를 보기 전에 그의 초상에 눈길이 간다. 단아한 몸가짐과 예리하고 빛나는 눈빛, 웃음기 없는 근엄한 얼굴 표정은 여느 선비와 다를 바 없다. 하지만 무언가를 응시하며 말없는 깊은 눈빛에서 유학자로서 평생 벼슬길에 나서지 않고 여행가의 삶을 살았던 자유인의 모습을 발견할 수가 있다.

『유행록』은 조선 시대 선비들이 어떤 모양새를 갖추고 여행을 떠났는지 보여 주는 귀중한 작품이다. 내로라하는 많은 선비들이 관직 중 혹은 관직에서 물러나 고향에서 쉬는 동안 틈틈이 단편적인 여행기를 시나 가사로 남겨 놓은 것들은 많다. 하지만 권섭 선생은 벼슬길에 오르지 않고 고향에 머물러 평생 학문하며 글 쓰고 여행하며 산 그 시대의 진정한 자유인이었다. 그 때문에 권섭 선생은 일반 선비들이 하지 못한 여행기를 남길 수 있었다.

옥소 권섭(1671~1759년)은 여행가이자 문필가로, 금강산을 비롯해 설악산·지리산·가야산·관동팔경 등 영남과 영서·호남·관북·해서·기호지방 곳곳을 유람하길 좋아했다. 그는 각 지역의 명승을 둘러보고 느낀 감흥을 문학의 형태로 남기고 노정까지 상세히 기록한『유행록』을 남겼다.

이 책에는 선생이 문경 희양산 봉암사(당시 양산사)와 산북 김용사를 둘러본 유람기가 기록되어 있어서 조선 시대 선비의 눈에 비친 당시 문경의 풍경을 엿볼 수 있다. 또 영동 여덟 고을을 다니는 데 28일이 걸렸다거나 산에 들어가거나 바닷가를 따라간 것이 1446리, 바다에서 배를 탄 것이 100리였다는 등의 여행 일정이 상세히 기록돼 있다. 이 밖에 서원에서 만난 선비와 나눈 대화를 비롯해 뱃사공·승려들과 있었던 일화 등도 함께 소개

247 옥소 권섭 영정
권섭 선생 54세 때의 모습이다.
문화재자료 제349호

되어 있다. 또 산속에 머물던 스님과는 '인과와 윤회' 에 대해 불교와 유교
의 논리에 비추어 깊은 이야기를 나눈 기록이 있어 당시 유학자로서의 불
교관 및 유교적 인성관을 엿볼 수 있다. 여행 중에 어려움이 있을 때 지방의
관원들로부터 도움을 받았다거나 아는 친척을 만나 도움을 받은 내용들이
소상히 나와 있어 조선 시대 선비들의 여행 모습을 속속들이 알 수 있다.

옥소 권섭은 평소 유람하는 것을 운치 있는 일이라고 여겼고, 여행 중 즐
거울 때면 언제나 일어나 다시 떠났으며, 그림 같은 주막과 샘물이 솟는 곳
에서는 말을 세워 감상하면서 평생토록 여행을 멈추지 않았다. 권섭 선생
은 4권의 『유행록』(1권 유실) 외에도 『옥소고』 등 문집과 2000여 편의 한시,
75수의 시조와 가사를 남겼다.

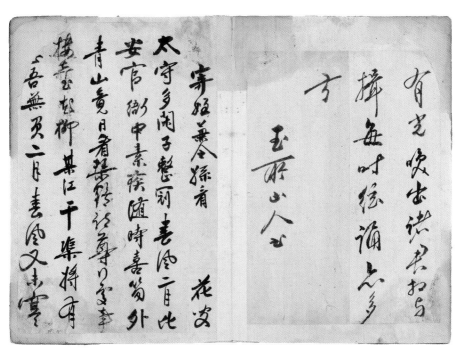

248 옥소 권섭 필첩
권섭 선생의 서간 등 친필이다.

249 옥소고
문경 화지동에 살았던 권섭 선생의 문집에는 「유행록」이 실려 있다.

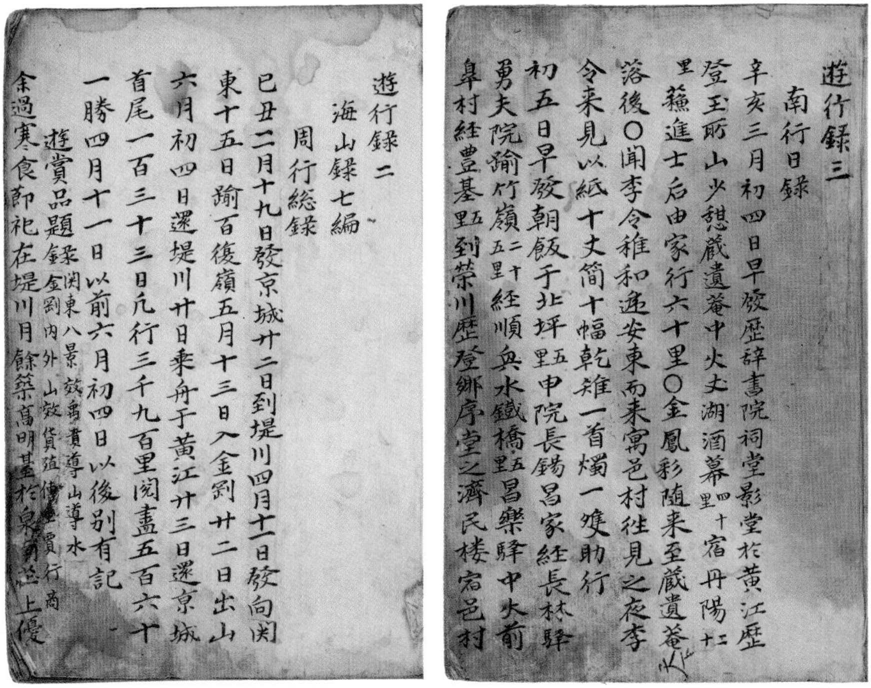

遊行錄三
南行日錄
辛亥三月初四日早發歷辭書院祠堂影堂於黃江歷
登玉所山少憩歲遺菴中火丈湖酒幕十宿丹陽十二
里蕪進士后由家行六十里〇金鳳彩隨来至歲遺菴以
溶後〇聞李令稚和递安東而来寓邑村往見之夜李
令来見以紙十丈簡十幅乾雉一首燭一隻助行
初五日早發朝飯于北坪五中院長錫昌家紅林驛
男夫院踰竹嶺二十經順興水鐵橋五里昌樂驛中火前
鼻村經豐基五到榮川歷登鄉序堂之濟民楼宿邑村

遊行錄二
海山錄七編
周行総錄
巳丑二月十九日發京城廿二日到堤川四月十七日發向関
東十五日踰百後嶺五月十三日入金剛廿二日出山
六月初四日還堤川廿日乘舟于黃江廿三日還京城
首尾一百三十三日凡行三千九百里閱盡五百六十
一勝四月十一日以前六月初四日以後別有記
遊賞品題錄金剛東八景嶺內外山歛貨傭僧賞行商
余過寒食卽祀在堤川月餘蘂蕍明基於泉石送上優

옥소고 중 「유행록」

선비의 여행 물품

250 **찬합** 마른반찬을 만들어서 차곡차곡 넣어 가지고 다니게 만든 그릇이다.

251 **찬합**

252 **찬합**

253 대나무도시락

254 고리도시락

255 담배쌈지
담배를 넣어서 가지고 다니는 주머니

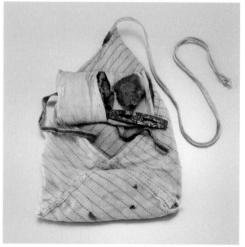

256 부싯돌과 부시쌈지
강한 차돌과 무쇠로 만든 장방형의 쇠를 맞부딪쳐 불꽃을
일게 하는 도구

257 작은 가마솥
이 가마솥은 냄비 크기의 솥으로, 여행 시에 식사 해결을 위해 휴대하기도 하였다. 문경 지곡리의 동제에 사용하던 것이다.

* **담배쌈지** 일정한 크기나 양식이 따로 없이 말아서 손에 들게 된 것은 '쥘쌈지'라 하고, 끈을 꿰어 허리에 차고 다니는 주머니 모양을 '찰쌈지'라고 한다. 담배가 우리나라에 처음 들어온 것은 1609년(광해군)으로 알려져 있다. 담배 잎사귀를 말려 잘게 썰어 종이로 말아 피우는 권련(卷煙) 담배가 1905년(고종 31)에 최초 생산되었다는 기록으로 보아 일반에게 널리 보급되기 이전, 엽연(葉煙) 담배를 피울 때까지는 쌈지를 사용했다.

258 짚신
이 짚신은 16세기의 것으로,
문경 최진 일가 묘에서 발굴된 것이다.

259 짚신

260 미투리 삼으로 엮은 신발이다.

261 미투리

262 진신
비가 오거나 땅이 젖었을 때 신도록 생가죽에 기름을 먹이고
바닥에 쇠 징을 박은 신발이다.

263 나막신
밑굽을 높게 해서 진 땅에 발을 적시지 않고,
진흙이 튀어 들어가지 않도록 만든 나무신발이다.

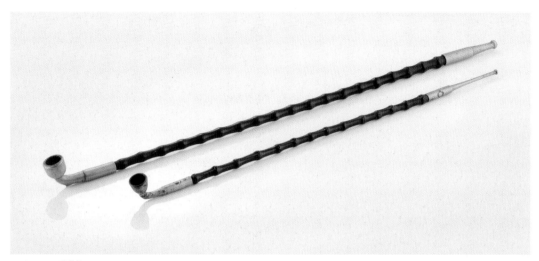

264 · 265 담뱃대

266 가마 요강
놋으로 만든 작은 요강으로,
가마 안에 넣고 다니기도 하였다.

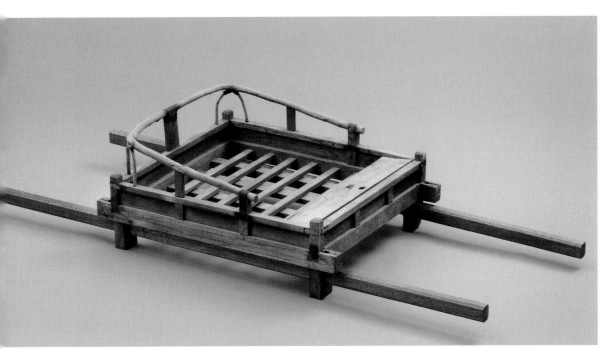

267 남여
위를 덮지 않은 가마

268 보교
조선 시대 벼슬아치나
사대부들이 타던 가마의 하나

269 말안장
말이나 나귀들의 등에 얹어서
사람이 편하게 탈 수 있는 마구이다.

270 말방울
말갖춤의 일종으로, 목덜미에 걸어
말이 움직일 때마다 소리가 나게 하였다.

271 **행낭** 말 등 위에 깔아 양쪽 주머니 안에 서류 등을 보관할 수 있도록 만들었다.

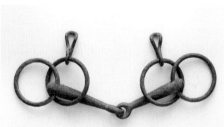

272 **재갈**　　273 **재갈**

274 **재갈과 고삐**
말을 통제하기 위하여 말의 입에 가로 물리는 재갈쇠를
'재갈' 이라 하고, 고삐를 연결해 말을 제어한다.

275~277 등자
말을 탔을 때 두 발로 디디는 말갖춤 도구

278 편자
'말굽쇠'라고도 부르며, 말의 굽이
닳아 상하는 것을 보호하기 위해
덧대는 U자형 쇳조각이다.

279 쇠말뚝
소나 말에게 풀을 뜯게 할 때 일정한 장소에 머물게
묶어 두는 쇠말뚝이다.

280 말 수술 도구
소 침쟁이들이 휴대하면서 말이나 소의 치료에 사용하는 도구

도판 목록

001
동국지도
東國地圖

조선(18C) / 가로25.5 세로50 / 옛길002187

002
채색팔도지도 중 경기도
彩色八道地圖

조선(19C) / 접었을 때 가로5.5 세로10.5, 펼쳤을
때 가로17.5 세로20.5 / 옛길001723

003
채색팔도지도 중 경상도
彩色八道地圖

조선(19C) / 접었을 때 가로5.5 세로10.5, 펼쳤을
때 가로17.5 세로20.5 / 옛길001723

004
채색팔도지도 중 강원도
彩色八道地圖

조선(19C) / 접었을 때 가로5.5 세로10.5, 펼쳤을
때 가로17.5 세로20.5 / 옛길001723

005
수진본 지도 중 동국팔도대총도
袖珍本地圖

조선(18C) / 접었을 때 가로8 세로14.5, 펼쳤을 때
가로32 세로28 / 옛길001885

006
대동여지전도
大東輿地全圖

조선(1860년대) / 국립중앙박물관 소장

007
산경표
山經表

1913년 / 가로15.1 세로21.8 / 옛길001860

008
대동여지도 목판
大東輿地圖 木板

조선(1861년) / 김정호 작 / 가로32.0 세로43.0 /
보물 1581호 / 국립중앙박물관 소장

009
팔도지도첩 중 충청도
八道地圖帖

조선(17C) / 가로17 세로25 / 옛길001722

010
팔도지도첩 중 전라도
八道地圖帖

조선(17C) / 가로17 세로25 / 옛길001722

011
조선팔도지도첩 중 평안도
朝鮮八道地圖帖

조선(18C) / 가로33.1 세로49.9 / 옛길001733

012
조선팔도지도첩 중 경기도
朝鮮八道地圖帖

조선(18C) / 가로33.1 세로49.9 / 옛길001733

013
조선팔도지도 중 경상도와 전라도 부분
朝鮮八道地圖

조선 / 가로23 세로34 / 옛길001795

014
조선팔도지도 중 황해도와 강원도 부분
朝鮮八道地圖

조선 / 가로23 세로34 / 옛길001795

015
조선팔도지도 중 강원도
朝鮮八道地圖

조선 / 가로25 세로23 / 옛길002183

016
조선팔도지도 중 함경도
朝鮮八道地圖

조선 / 가로25 세로23 / 옛길002183

017
팔도채색지도
八道彩色地圖

조선(18C) / 가로5.3 세로12 펼쳤을 때 길이 131.5
/ 옛길001771

018
동국지도
東國地圖

조선(18C) / 가로5.6 세로11.8 펼쳤을 때 길이 184
/ 옛길001791

019
조선전도
朝鮮全圖

조선(18C) / 가로36.5 세로55 / 옛길001796

020
조선팔도지도 중 팔도총도
朝鮮八道地圖

조선 / 가로23 세로34 / 옛길001795

021
해좌전도
海左全圖

조선(19C) / 가로54 세로99 / 옛길001914

022
여지도
輿地圖

조선(1849년) / 가로18.5 세로30 / 옛길001770

023
수진본 지도
袖珍本地圖

조선(18C) / 접었을 때 가로8 세로14.5, 펼쳤을 때
가로32 세로28 / 옛길001885

024
팔도지도절첩본 중 팔도총도
八道地圖折帖本

조선(18C) / 가로17 세로28.5 / 옛길001916

025
조선팔도지도첩 중 천하총도
朝鮮八道地圖帖

조선(18C) / 가로33.1 세로49.9 / 옛길001733

026
여지도 중 천하도
輿地圖

조선(1849년) / 가로18.5 세로30 / 옛길001770

027
수진본 지도 중 중국도
袖珍本地圖

조선(18C) / 접었을 때 가로8 세로14.5, 펼쳤을 때
가로32 세로28 / 옛길001885

028
수진본 지도 중 일본국도
袖珍本地圖

조선(18C) / 접었을 때 가로8 세로14.5, 펼쳤을 때
가로32 세로28 / 옛길001885

029
수진본 지도 중 유구국도
袖珍本地圖

조선(18C) / 접었을 때 가로8 세로14.5, 펼쳤을 때
가로32 세로28 / 옛길001885

030
신증동국여지승람
新增東國輿地勝覽

조선 / 가로21 세로32.3 / 옛길001849

031
문경현지
聞慶縣誌

조선(1832) / 영인본 / 가로22.6 세로35

032
동국지지
東國地誌

조선 / 가로21 세로30.5 / 옛길001788

033
동국지리지
東國地理誌

조선(1615년) / 가로20.7 세로31.5 / 옛길001835

034
여재촬요
輿載撮要

조선(1887년) / 가로27.2 세로17.2 / 옛길001836

035
환영지
寰瀛誌

조선 / 가로22.7 세로33 / 옛길002207

036
대한강역고
大韓疆域考

1903년 / 가로15.9 세로22.7 / 옛길001843

037
조선강역지
朝鮮疆域誌

1928년 / 가로15 세로21.8 / 옛길001857

038
중등만국신지지
中等萬國新地志

1907년 / 가로15.2 세로22.3 / 옛길002178

039
대한신지지
大韓新地志

1907년 / 가로15 세로21.9 / 옛길002179

040
대한지지
大韓地誌

1906년/ 가로16.5 세로23.5 / 옛길002355

041
택리지
擇里誌

1912년 / 가로15.1 세로 21.8 / 옛길001859

042
택리지
擇里誌

조선 / 가로21.5 세로24 / 옛길001919

043
택리지
擇里誌

조선 / 가로20.2 세로20.3 / 옛길002177

050
죽계지
竹溪誌

조선(1824년) / 가로19.8 세로24.5 / 옛길001715

044
진유승람
震維勝覽

조선 / 가로20.6 세로28.2 / 옛길001732

051
축산지
竺山誌

20C / 가로19.2 세로29.5 / 옛길001716

045
팔역지
八域誌

조선 / 가로20.5 세로23.7 / 옛길002215

052
도리표
道里表

1912년 / 가로15.1 세로21.8 / 옛길001858, 옛길002300

046
조선환여승람
朝鮮寰輿勝覽

1936년 / 가로20.5 세로30 / 옛길001729, 옛길001900

053
팔도각군현리수서차
八道各郡縣里數序次

조선(1859년) / 가로19.5 세로15.5 / 옛길001790

047
교남지
嶠南誌

1937년 / 가로17.5 세로25.2 / 옛길001901

054
구로기
九路記

조선 / 가로22.5 세로34.9 / 옛길001863

048
영가지
永嘉誌

조선(1899년) / 가로22 세로32 / 옛길001774

055
조선도로 거리표
朝鮮道路距里表

조선 / 가로19.5 세로32.5 / 옛길001918

049
동경지
東京誌

조선(1845년) / 가로21 세로32 / 옛길001717

056
기리표
記里表

조선 / 가로21 세로29.5 / 옛길002344

057
지도정리표
地圖程里表

조선 / 가로23 세로35.5 / 옛길002266

058
연행음청일기
燕行陰晴日記

조선(1841년) / 가로20 세로24 / 옛길001767

059
연암속집
燕巖續集

1901년 / 가로29.4 세로19.2 / 김계한 기탁 / 옛길001126

060
연행사 차사원 명부
燕行使差使員名簿

조선 / 가로106.5 세로20 / 옛길002246

061
연행노정기
燕行路程記

조선(1835년) / 가로148 세로17 / 옛길002247

062
노정기
路程記

조선 / 가로16 세로25 / 옛길002265

063
간독절요
簡牘切要

조선 / 가로12.5 세로20.3 / 옛길002212

064
야촌집
野村集

조선(1774년) / 가로20.8 세로31.3 / 옛길001896

065
노정기
路程記

조선 / 가로16 세로25 / 옛길002265

066
지도정리표
地圖程里表

조선 / 가로23 세로35.5 / 옛길002266

067
간독절요
簡牘切要

조선 / 가로12.5 세로20.3 / 옛길002212

068
삼국사기
三國史記

조선(1760년) / 가로20.6 세로31 /서울대학교 규장각 소장

069
동국신속삼강행실도
東國新續三綱行實圖

조선(1617년) / 가로25.4 세로37.8 / 서울대학교 규장각 소장

070
권신응의 봉생천
鳳笙川

조선(1744년) / 권신응 작 / 모경흥기첩 수록/ 가로17.5 세로26.5 / 안동 권씨 화천공파종중 소장

071
돌고개 성황당 상량문
石峴 城隍祠 上樑文

조선(1796년) / 가로160 세로100 / 신현1리 주민일
동 기증 / 옛길002607

072
망우 선생집
忘憂先生集

조선 / 가로19 세로28 / 옛길001718

073
유서통
諭書筒

조선(19C) / 대나무, 백동 / 높이70.5 지름12 / 옛
길001879

074
경상도 문경현 조령산성 절목 성책
慶尙道 聞慶縣 鳥嶺山城節目成冊

조선(1749년) / 가로31.1 세로39.7 / 서울대학교
규장각 소장

075
낙동 · 낙원 역참 파발문서
洛東 · 洛原 驛站 擺發文書

조선 / 가로34.5 세로26.2 / 옛길001868

076
고평 역참 파발일기 성책
高平驛站 擺發日記 成冊

조선 / 가로22.5 세로37 / 옛길002309

077
유곡록
幽谷錄

조선(1737년~1739년) / 가로24 세로38 / 옛길
001884

078
조선팔도지도 중 경상도
朝鮮八道地圖

조선 / 가로25 세로23 / 옛길002183

079
노문
路文

조선(1802년) / 가로60 세로92.5 /옛길001929

080
유지
有旨

조선(1802년) / 가로70 세로57.5 / 옛길001930

081
노문
路文

조선(1804년) / 가로48.5 세로60 / 옛길001903

082
유지
有旨

조선(1804년) / 가로65 세로53.5 / 옛길001904

083
노문
路文

조선 / 가로86.5 세로48.5 / 옛길002312

084
행낭
行囊

조선(18C) / 사슴가죽(鹿皮), 무명 / 가로98 세로
56 / 옛길001892

085
초료
草料

조선 / 가로88 세로27 / 옛길001725

086
초료
草料

조선(1876년) / 가로18 세로28.2 / 옛길001818

087
유곡역 해유문서
幽谷驛解由文書

조선(1724년) / 가로480 세로80 / 국립민속박물관 소장

088
통감절요
通鑑節要

조선 / 가로22 세로33.8 / 옛길002194

089
유곡역 고문서
幽谷驛古文書

조선 / 가로17.5 세로25.2 / 유형문화재 제304호 / 개인 소장

090
영남역지
嶺南驛志

조선(1894년) / 가로17.4 세로28.8 /서울대학교 규장각 소장

091
영남읍지
嶺南邑誌

조선(1871년) / 가로20.8 세로31.2 / 서울대학교 규장각 소장

092
고사신서
攷事新書

조선 / 가로18 세로29 / 옛길001768

093
유곡록
幽谷錄

조선(1737년~1739년) / 가로24 세로38 / 옛길001884

094
도심역 절목
道深驛節目

조선 / 가로40 세로31 / 옛길001705-001

095
도심역 동장문
道深驛同長文

조선(1889년) / 가로49.5 세로41 / 옛길001705-002

096
봉화 도심역 거민 등 등장
奉化道深驛居民等等狀

조선(1896년) / 가로39.5 세로30 / 옛길001705-003

097
도심역 색전 도검 차정문
道深驛索戰都撿差定文

조선(1891년) / 가로29.5 세로24 / 옛길001705-004

098
도심 역민 등장
道深驛民等狀

조선(1893년) / 가로60 세로38 / 옛길001705-005

099
서면 역리 거민 등 등장
西面驛里居民等等狀

조선 / 가로36 세로51.7 / 옛길001705-006

100
장수역 마안
長水驛馬案

조선(1895년) / 가로20 세로27 / 옛길001727

101
황산도 찰방 완문
黃山道察訪完文

조선 / 가로127 세로46.5 / 옛길001730

102
이원현의 호구문서
利原縣 戶口文書

조선 / 전체길이 481.3 / 옛길001765

103
역리 상소문
驛吏上疏文

조선 / 가로61.5 세로101.5 / 옛길001769

104
교지
敎旨

조선(1806년) / 가로76 세로55 / 옛길001905

105
사마방목
司馬榜目

조선 / 가로19 세로30 / 옛길001902

106
역마가 첨가문서
驛馬價添價文書

조선 / 가로19.5~23.7 세로31.6~43.5 / 옛길001886

107
자여관 중기
自如館重記

조선(1839년) / 가로22.6 세로35.1 / 옛길001864

108
자여관 잡록
自如館雜錄

조선(1839년) / 가로17.1 세로23.4 / 옛길001865

109
동경쇄록
東京瑣錄

조선(1839년) / 가로16.5 세로30.4 / 옛길001866

110
김흥범의 호구단자
金興範戶口單子

조선(1807년) / 가로61 세로36 / 옛길001880

111
김흥범의 차첩문서
金興範差帖文書

조선 / 전체길이 368 / 옛길001881

112
연원역 중기
連原驛重記

조선(1851년) / 가로27.5 세로40.5 / 옛길002197

113
연원도 찰방 해유문서
連原道察訪解由文書

조선(1851년) / 가로360 세로43 / 옛길002196

114
공방소 각종 하기
工房所各種下記

조선 / 가로18 세로19.2 / 옛길002203

115
충주 복호전 출래 구별책
忠州復戶錢出來區別册

조선 / 가로26.3 세로19 / 옛길002199

116
하리 장지남 소통수쇄책
下吏張志南所通收刷册

조선 / 가로19.5 세로18 / 옛길002200

117
감상고 일하기
監上庫日下記

조선 / 가로22.5 세로19.5 / 옛길002201, 옛길002202

118
연원충주경내 사역 위토급각참 역명 성책
連原忠州境內四驛位土及各站驛名成册

조선 / 가로39.7 세로20 / 옛길002198

119
오수역 무의호 소명 성책
獒樹驛無依戶小名成册

조선 / 가로22 세로19.7 / 옛길002204

120
창락도 찰방 서목
昌樂道察訪書目

조선(1780년) / 가로48 세로74 / 옛길002181

121
오수도 찰방 해유문서
獒樹道察訪解由文書

조선(1627년) / 가로143.5 세로80 / 옛길002210

122
오수도 찰방 교첩
獒樹道察訪教牒

조선(1627년) / 가로65 세로46.3 / 옛길002211

123
주막문서
酒幕文書

조선 / 가로22.3 세로18.2 / 옛길001907

124
해동지도 중 조령성
海東地圖 鳥嶺城

조선(1750년대) / 가로30.5 세로47 / 서울대학교 규장각 소장

125
퇴계 선생 문집
退溪先生文集

조선 / 가로21.3 세로31.3 / 옛길001861, 옛길001913

126
회재집
晦齋集

조선 / 가로20.5 세로30 / 옛길001906

127
풍속화 중 주막
―

조선 / 김홍도 작 / 보물 527호 / 국립중앙박물관
소장

128
화첩 중 설일주막
雪日酒幕

조선 / 이형록 작 / 국립중앙박물관 소장

129
첩문
帖文

조선(1822년) / 가로18.5 세로20.5~22.5 / 옛길
002252, 옛길002253, 옛길002254

130
수진본 사서
袖珍本四書

조선 / 가로13.2 세로17, 포갑 가로22 세로13.5 높
이17/ 옛길002185

131
수진본 지도첩
袖珍本地圖帖

조선 / 가로5.3 세로11.5 / 옛길001752

132
논어
論語

조선 / 가로12.7 세로15.5 / 옛길001927

133
맹자
孟子

조선 / 가로12.8 세로15.5 / 옛길001928

134
대학
大學

조선 / 가로12.7 세로17 / 옛길001737

135
중용
中庸

조선 / 가로12.7 세로17 / 옛길001736

136
사문류초
事文類抄

조선 / 가로14 세로18.7 / 옛길001738

137
행연
行硯

조선(19C) / 위원석 / 가로4.9 세로8.1 / 옛길
001800

138
행연
行硯

조선 / 석(石) / 가로9 세로6.5 / 옛길001708

139
행연
行硯

조선 / 석(石) / 가로7.7 세로4.2 / 옛길001744

140
심지연
心池硯

조선(19C) / 남포석 / 가로3 세로5 / 옛길001804

141
분판
粉板

조선(19C) / 한지, 호분(胡粉) / 가로4.7 세로20 펼쳤을 때 길이28.4 / 옛길001760

142
공책
空册

20C / 한지 / 가로14 세로25 / 옛길001751

143
붓통
筆筒

조선 / 한지 / 길이22.5 너비4.3 / 옛길001749

144
자모필
子母筆

조선 / 나무 / 길이13.6 너비2.7 / 옛길001742

145
먹통
墨筒

조선 / 백동 / 지름3.7 높이5 / 옛길001746

146
먹통
墨筒

조선(19C) / 유기 / 입지름2.9 높이2.8 / 옛길001801

147
필세
筆洗

20C전반 / 납석 / 옆너비6 높이2.8 / 옛길001923

148
필묵통
筆墨筒

20C / 놋쇠 / 길이21 / 옛길001747

149
필묵통
筆墨筒

20C / 놋쇠 / 길이23 / 옛길001748

150
패철
佩鐵

조선 / 나무 / 지름5.5 높이2.3 / 옛길001923

151
패철
佩鐵

조선 / 나무 / 가로13 세로4 높이2.6 / 옛길002172

152
엽전
葉錢

조선 / 놋쇠 / 지름2.2~2.5 / 옛길001921

153
필낭
筆囊

조선(19C) / 비단 / 길이46, 호패 가로2 세로8.2 / 옛길001844

154
호패
號牌

조선(19C) / 서각 / 길이(끈 제외)28, 호패 가로2.8 세로10 / 옛길001846

155
호패
號牌

조선(19C) / 상아 / 길이(끈 제외)17, 호패 가로2.5
세로10 / 옛길001847

162
표주박
瓢舟珀

20C / 조개, 열매 / 가로6.7 세로5.3, 가로6.5 세
로6.8 / 옛길001186

156
호패
號牌

조선 / 나무 / 가로1.6 세로8.2 / 옛길001758

163
장도
木粧刀

조선(19C) / 먹감나무, 백동(白銅) / 길이14.4 / 옛
길001815

157
호패
號牌

조선 / 나무 / 가로1.2~3 세로6.6~8.9 높이
0.4~1.2 / 김계한 기탁 / 옛길001185

164
장도
銀粧刀

조선(19C) / 은(銀) / 길이 14.7 / 옛길001816

158
호패
號牌

조선 / 나무 / 가로1.9 세로7.8 높이0.6 / 옛길
001805

165
안경집
眼鏡-

조선 / 악어가죽 / 길이16.5 너비6.5 전체길이
28.5 / 옛길001739

159
호패
號牌

조선(19C) / 회양목, 가죽 / 길이14, 호패 가로2.5
세로9.2 / 옛길001845

166
안경집
眼鏡-

조선 / 한지 / 길이14.8 너비7.3 / 옛길001740

160
호패
號牌

조선(19C) / 나무 / 길이(끈 제외)25, 호패 가로2.2
세로10 / 옛길001922

167
안경과 안경집
眼鏡, 眼鏡-

조선(19C) / 쇠뿔, 사어피, 옻칠 / 안경 길이10.6,
안경집 지름7.1 높이1.5 / 옛길001761

161
표주박
瓢舟珀

조선 / 한지 / 지름4 높이3.5 / 옛길001713

168
침통
鍼筒

조선 / 은(銀) / 길이15 바닥지름1.5 / 옛길002145

169
청대 선생 문집
淸臺先生文集

조선 / 가로20.8 세로30.3 / 옛길001376

170
어사화
御賜花

조선(19C) / 대나무, 소나무, 한지 / 길이157, 보관함 길이167 너비14 / 옛길001883

171
홍패교지
紅牌敎旨

조선(1891년) / 가로56 세로85.5 / 옛길002186

172
홍패교지
紅牌敎旨

조선(1800년) / 가로60 세로89 / 옛길001909

173
홍패교지
紅牌敎旨

조선(1772년) / 가로61 세로85 / 옛길001931

174
홍패교지
紅牌敎旨

조선(1880년) / 가로63.2 세로89.1 / 옛길001799

175
홍패교지
紅牌敎旨

조선(1807년) / 가로63.2 세로94.5 / 옛길001798

176
홍패교지
紅牌敎旨

조선(1871년) / 가로67 세로90.5 / 옛길001766

177
백패교지
白牌敎旨

조선(1798년) / 가로48 세로86.5 / 옛길001823

178
백패교지
白牌敎旨

조선(1768년) / 가로48 세로91 / 옛길001908

179
성균관고신
– 告身

조선(1737년) / 가로72.5 세로55.8 / 옛길001825

180
성균관고신
– 告身

조선(1737년) / 가로75.6 세로54 / 옛길001826

181
시권
試卷

조선 / 길이 233 / 옛길001824

182
시권
試卷

조선 / 가로166.6 세로71.6 / 옛길001714

183
백지시권
白紙試券

조선 / 가로113 세로63.3 / 옛길001728

190
마패
馬牌

조선 / 동 / 지름9 / 옛길000066

184
시권
試券

조선(1891년) / 가로160 세로80 / 신우식 기증 /
옛길002243

191
갓
笠

조선 / 말총 / 지름30 / 옛길000689

185
사마방목
司馬榜目

조선 / 가로22.5 세로35.5 / 옛길001724

192
소지
所志

조선 / 가로 61.5 세로75 / 옛길001893

186
사마방목
司馬榜目

조선 / 가로19.5 세로31 / 옛길001786

193
소지
所志

조선 / 가로30.3 / 옛길001894

187
을묘방목
乙卯榜目

조선(1735년) / 가로17 세로29 / 개인 소장

194
소지
所志

조선 / 가로117 세로99 / 옛길001764

188
영문록
榮問錄

조선 / 가로20.3 세로27.5 / 옛길002184

195
포폄안
褒貶案

조선 / 길이219 세로24 / 옛길001817

189
마패
馬牌

조선 / 동 / 지름8.8 / 옛길000067

196
조선팔도기
朝鮮八道記

조선 / 가로357.5 세로27.8 / 옛길001807

197
보부상 문서
褓負商文書

조선 / 가로74.5 세로17.6 / 옛길001899-001

198
보부상 문서
褓負商文書

조선 / 가로20.5 세로26 / 옛길001899-002

199
노인
路引

조선(1723년) / 가로21.3 세로23.5 / 옛길001792

200
노인
路引

조선(1723년) / 가로26 세로22 / 옛길001793

201
노인
路引

조선(1723년) / 가로29.5 세로19 / 옛길001794

202
패랭이
平涼子

20C / 대나무 / 지름31 높이12 / 옛길001755

203
차정문
差定文

조선(1888년) / 가로56 세로44.5 / 옛길001699

204
차정문
差定文

조선 / 가로54 세로32 / 옛길001700

205
어음
於音

조선 / 세로19 / 옛길001712

206
신용공지
信用公紙

조선 / 가로22.8 세로21.8 / 옛길001832

207
사금파리어음
-

조선 / 도자기, 석(石) / 지름2.5 외 / 옛길000647

208
숫돌
-

조선 / 석(石) / 길이21.2 두께5.3 외 / 옛길000648

209
보부상 거래 수표
褓負商去來手票

조선 / 가로6.5 세로16 / 옛길001720-001

210
보부상 거래 수표
褓負商去來手票

조선 / 가로6.9 세로16.7 / 옛길001720-002

211
보부상 거래 수표
褓負商去來手票

조선 / 가로6.5 세로14.2 / 옛길001720-003

212
상무협회규칙
商務協會規則

20C / 가로18.5 세로26 / 옛길002343

213
인장함
印章函

조선 / 오동나무, 백동 / 가로12.5 세로12.3 높이 11.3 / 옛길002176

214
봉인
封印

조선 / 나무 / 가로3.1 높이4 외 / 옛길001763

215
끈조이개
—

조선 / 나무 / 바닥지름4 입지름2.6 높이3 자루길이 6 / 옛길001759

216
주판
籌板

20C / 나무 / 가로16.7 세로5.9 전체길이24.2 / 옛길001741

217
박다위
—

조선 / 한지 / 길이509~655.4 너비2.9~4.1 / 옛길001841

218
박다위
—

20C / 말총 / 길이338.5 너비3 / 옛길001711

219
연지벼루
臙脂硯

조선 / 대추나무 , 위원석 / 가로6 세로8.5 높이3 / 옛길002169

220
선추
扇錘

조선 / 회양목 / 지름3.5 전체길이33 / 옛길002170

221
선추
扇錘

조선 / 회양목 / 지름3.5 세로4 전체길이27 / 옛길002171

222
화장솔
化粧—

20C / 금속 / 길이6.5 바닥지름1.7 / 옛길002189

223
뒤꽂이
—

조선 / 금속 / 길이8~11 / 옛길000351

224
경대
鏡臺

20C / 나무 / 가로19 세로15 높이25 / 옛길000103

225
빗첩
−
조선 / 나무 / 가로11 세로15.4 높이10 / 옛길
002167

226
엽서
葉書
조선 / 가로15 세로9.5 / 옛길002270, 옛길
002271

227
유송도록
遊松都錄
조선 / 가로20.8 세로28.7 / 옛길001726

228
한강 선생 봉산욕행록
寒岡先生逢山欲行錄
조선 / 가로21.5 세로30.6 / 옛길001707

229
운통
韻筒
조선(19C) / 대나무, 백동 / 지름3~4.2 높이
6.5~7 / 옛길001889, 옛길001890

230
한시집
杜律, 唐律, 唐絕, 濂雅, 詩韻
조선 / 가로5.7 세로14 / 옛길001874

231
서간지
書簡紙
조선(19C) / 한지 / 길이22.4 너비5.3 / 옛길
001750

232
먹통
墨筒
조선 / 놋쇠 / 입지름4 높이4.5 / 옛길001745

233
먹통
墨筒
조선 / 백동 / 지름3 높이4 / 옛길001924

234
행연
行硯
조선 / 석(石) / 가로5 세로6.9 / 옛길001812

235
행연
行硯
조선 / 석(石) / 가로4.5 세로7.7 / 옛길001813

236
행연
行硯
조선 / 석(石) / 가로3.6 세로10 / 옛길001814

237
행연
行硯
조선 / 석(石) / 가로4.5 세로7.8 / 옛길001925

238
패철
佩鐵
조선 / 나무 / 지름5.5 높이2.3 / 옛길001937

239
갈모와 갈모테
笠帽, 雨帽
조선(19C) / 대나무, 한지 / 전체길이32.1 외 / 옛길001842

240
금강산병풍
金剛山屛風
20C / 한지 / 2폭병풍 / 김계한 기탁 / 옛길001664

241
점필재 선생 문집
佔畢齋先生文集
조선 / 가로21.2 세로30.6 / 옛길001898

242
목재집
牧齋集
조선 / 가로19.5 세로30 / 옛길001719

243
산수노정록
山水路程錄
조선 / 가로21 세로24 / 옛길002259

244
금강산 유산록
金剛山遊山錄
조선 / 가로21 세로25.5 / 옛길002258

245
팔도산수록
八道山水錄
조선 / 가로24.5 세로25 / 옛길002260

246
팔도명산기
八道名山記
조선 / 가로16.5 세로21 / 옛길002261

247
옥소 권섭 영정
玉所權燮影幀
조선(1724년) / 가로41 세로67 / 문화재자료 제349호 / 권희달 기탁 / 옛길000467

248
옥소 권섭 필첩
玉所權燮筆帖
조선 / 가로25 세로36.5 / 옛길002195

249
옥소고
玉所稿
조선(18C) / 가로19 세로26 / 권희달 기탁 / 옛길000468

250
찬합
饌盒
조선 / 나무 / 가로17 높이30 / 옛길001833

251
찬합
饌盒
조선(19C) / 은행나무 / 가로12 세로12 높이26 / 옛길001887

252
찬합
饌盒
조선 / 나무 / 가로19 높이15 / 옛길000573

253
대나무도시락
−
조선 / 대나무 / 가로26 세로12 / 옛길000178

254
고리도시락
−
조선 / 버드나무 / 가로27 세로13 높이13 / 옛길000179

255
담배쌈지
−
20C / 무명 / 너비17 높이12 / 옛길001754

256
부시와 부시쌈지
−
20C / 무쇠, 차돌, 쑥, 무명 / 부시쇠 길이6.5 너비1.5, 주머니길이14 너비22 / 옛길001753

257
소형 가마솥
小型釜
조선 / 무쇠 / 지름21 높이11 외 / 지곡리 주민일동 기증 / 옛길000696, 옛길000697, 옛길000698

258
짚신
草鞋
조선(16C) / 볏짚 / 발길이23 / 중요민속문화재제259호 / 전주 최씨 문중 기증 / 옛길001643

259
짚신
草鞋
20C / 볏짚 / 발길이21 / 옛길000189

260
미투리
麻鞋
20C / 삼 / 발길이27 / 옛길001756

261
미투리
麻鞋
20C / 삼 / 발길이27 / 옛길001757

262
진신
油鞋
조선(18C) / 소가죽(牛皮) / 발길이 28 / 옛길001891

263
나막신
木靴
조선(19C) / 소나무 / 발길이 28 / 옛길001888

264
담뱃대
長竹
조선 / 대나무, 금속 / 길이70 / 옛길002216

265
담뱃대
長竹
조선 / 대나무, 금속 / 길이58 / 옛길002217

266
가마 요강
−
동 / 전체높이9.8 바닥지름9.6 뚜껑지름10 / 옛길001811

267
남여
籃輿

조선(19C) / 소나무, 참나무 / 가로70.6 세로83
높이38.5 / 옛길001827

274
재갈과 고삐
—

조선(19C) / 무쇠, 놋쇠, 목면끈 / 옛길001839

268
보교
步轎

조선(19C) / 배나무 / 가로71 세로94 높이42 / 옛
길001762

275
등자
鐙子

20C / 무쇠 / 가로12.5 세로7.6 높이18.2 / 옛길
001779

269
말안장
—鞍裝

조선(19C) / 소나무, 가죽, 무쇠 / 길이50 너비31
높이30 / 옛길001837

276
등자
鐙子

20C / 무쇠 / 가로12.4 세로6.5 높이15 / 옛길
001780

270
말방울
馬鈴

조선(19C) / 가죽, 놋쇠 / 길이40.2 / 옛길001838

277
등자
鐙子

20C / 무쇠 / 가로11.8 세로6.6 높이15.2 / 옛길
001781

271
행낭
行囊

조선(18C) / 사슴가죽, 무명 / 가로104.2 너비57.8 /
옛길001840

278
편자

20C / 무쇠 / 길이9 너비7.5 / 옛길001775

272
재갈
—

20C / 무쇠 / 길이48 / 옛길001778

279
쇠말뚝

20C / 무쇠 / 길이21 고리지름11 / 옛길001783

273
재갈
—

20C / 무쇠 / 길이27 / 옛길001777

280
말 수술 도구

20C / 통 길이16 바닥지름2.5 / 옛길002168